广西壮族自治区"十四五"职业教育规划教材

创意构成

Creative Composition Design

主　编：黄春波　郑义海　陈　良　刘洪波

副主编：刘　骏　童　俐　李　莉　唐壮鹏　吕金阳

参　编：黄晓明　覃　剑　李鹏霞　覃延常　宋国栋

　　　　赵　艺　余　杰（企业人员）

湖南大学出版社·长沙

图书在版编目（CIP）数据

创意构成 / 黄春波等主编.—长沙：湖南大学出版社，2023.8
ISBN 978-7-5667-2770-1

Ⅰ.①创… Ⅱ.①黄… Ⅲ.①建筑设计-教材 Ⅳ.①TU2

中国版本图书馆CIP数据核字（2022）第245962号

创 意 构 成
CHUANGYI GOUCHENG

主　　编：黄春波　郑义海　陈　良　刘洪波
策划编辑：胡建华　贾志萍
责任编辑：张以绪　胡建华
印　　装：湖南雅嘉彩色印刷有限公司
开　　本：787 mm×1092 mm　　1/16　　印　　张：8.75　　字　　数：210 千字
版　　次：2023年8月第1版　　　　　　印　　次：2023年8月第1次印刷
书　　号：ISBN 978-7-5667-2770-1
定　　价：55.00元

出 版 人：李文邦
出版发行：湖南大学出版社
社　　址：湖南·长沙·岳麓山　　　　　邮　　编：410082
电　　话：0731-88822559（营销部）　　88821174（编辑部）　　88821006（出版部）
传　　真：0731-88822264（总编室）
网　　址：http://www.hnupress.com

目录
CONTENTS

课程简介

配套课件

互动 H5

VR 展厅

上 编　创意构成
　　　　基础原理

模块一
构成认知

◆ 知识目标

认知形态构成，了解构成学科的起源与发展，知晓形态在生活中的存在形式与设计价值。

◆ 能力目标

学会对事物进行形态基本要素的提炼，将具象与抽象的形态作为研究对象，培养形象思维能力和设计创造能力。

◆ 素质目标

理解形态美学的重要意义及其在设计领域应用的广泛性，培养学习形态构成的兴趣。

任务一 形态构成概述

◆ 任务目标

掌握生活中的形态分类，了解学习形态构成的目的；
通过案例的搜集与分析形成对形态的完整认识；
能够提炼不同形态具有的情感内涵。

形态构成概述

◆ 任务重难点

生活中常见形态的类型及其区别。

一、什么是形态?

我们生活在一个形态的世界里,任何客观事物都依赖于其外在的形态而存在,进而通过人的视觉或触觉传递有关信息。也就是说,物体的大小、长短、动静、明暗等都是由其形态决定的。

"形态"在设计学意义上来说就是形状和情态。形状是指物体形的识别性,即方圆、大小、长短等;情态指的是物体的外形给人的心理感受,抑或物体给人带来的情感作用。因此,形态是客观事物存在时的情感状态,而这些情感状态也是依附在这些物体的外形上的。正所谓"态依附于形,有形必有态"。例如,2022年北京冬奥会开幕式,利用自然雪花的元素构成,创作出极具生命力和表现力的大会图腾,同时也呼应了大会"一起向未来"的办会理念,让世界记住了中国冬奥(图1-1)。

教学互动

2022年北京冬季奥运会开幕式举世瞩目,晶莹剔透的"冰雪五环"、浪漫唯美的雪花火炬台、独具创意的环保点火方式,让世界惊叹中国人清新浪漫的一面。小组讨论开幕式上还有哪些形态让你印象深刻,能够激发民族自信。

图 1-1 ◆ 北京冬奥会的雪花构成设计

二、构成的由来

"构成"在《现代汉语词典》中解释为"形成""造成"。

作为造型基础的专业词"构成",一般认为有以下两个来源。

一是欧洲的构成主义运动。20世纪初,欧洲的画家们受立体派影响,以非具象、排除个人和地域性因素干扰的表现态度,使用几何形及其他国际化、普遍性的形态,选取玻璃、金属、树脂等工业材料,创作了众多以新量感、新概念为主题和表现方式的立体造型作品（图1-2、图1-3），从而开展了一场独特的造型运动，即"构成主义运动"。这里的"构成"是指一种艺术流派或艺术风格。

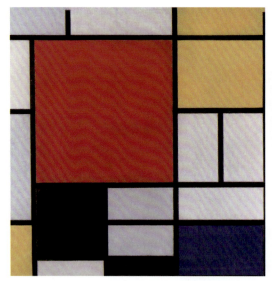

图1-2 ◆ 蒙德里安的三原色构成　　图1-3 ◆ 杜斯伯格的抽象简化构成

二是德国的包豪斯设计学院。包豪斯是设计史上一所具有里程碑意义的设计学校，它顺应了当时大工业发展的趋势，结合新诞生的现代抽象艺术特点，成功地探索并解决了日益尖锐的大工业生产方式和美的形式之间的冲突。构成学科就是在包豪斯设计学院形成和发展的（图1-4）。"构成"在这里是指造型设计的一种基本方法，也指

📖教学互动

"读史使人明智。"了解设计艺术的历史有助于我们更好地掌握设计理论与方法。你知道中国历史上有哪些在艺术设计领域影响深远的组织或个人？

图1-4 ◆ 包豪斯设计学院

将既定的元素和图像按照一定的形式来形成画面的研究性课程，是现代设计教育体系中一门重要的基础课。

三、形态的分类

（一）具象形态

具象形态是依照客观物象的本来面貌构造的写实形态，其形态与实际形态相近，反映物象的细节真实和本质真实。比如一幅写实的人像油画，它反映的就是模特的具体相貌及体态特征。

具象形态又分为自然形态和人工形态。

1. 自然形态

自然形态的形成与人的意志和要求无关，它"为大自然所造就"。自然形态是一个丰富的形态库，特别是现代科技的发展，使得从宏观自然到微观自然的形态可以真实地呈现。从人类历史来看，对人类造型活动起支配或指导作用的就是自然中的形态，越是原始的人造物越是对自然形态进行模仿。人们的审美观念也是在接触自然、了解自然的过程中慢慢形成的，从自然中逐渐发现美的形式，如对称、节奏、黄金比例等。很多设计师和艺术家提出"师从自然"的观点，强调从自然中学习并创造新的形态构成（图1-5）。

图 1-5 ◆ 以自然山水为形态来源的构成作品

2. 人工形态

人工形态是人类利用某类材料和加工技术制成的物品的形态，包括建筑、家具、交通工具等。这些人工形态是丰富多样的，伴随着整个人类文明史而存在，并带有特定时期的历史痕迹。人类在创造人工形态时，一方面从自然形态中得到启示，另一方面从经济、功能、美观等多角度考虑，体现了人的思想意识。设计师常常把已有的人工形态作为素材应用到设计中。例如，意大利皮革生产公司 Faeda 的新总部建筑形态，用一条条金属"流苏"来凸显皮革的质感，体现了公司的行业特点（图1-6）。

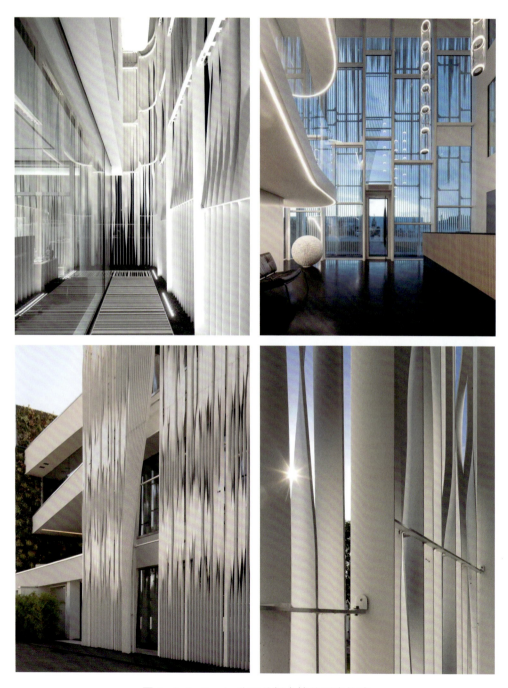

图 1-6 ◆ Faeda 公司总部大楼的形态构成

（二）抽象形态

抽象形态并非直接模仿现实，而是根据原型的概念及意义而创造的观念符号，使人无法直接看出其原始的形象及意义，它是以纯粹的几何观念提升的客观意义的形态，如正方体、球体以及由此衍生的具有单纯特点的形体。

抽象形态又分为有机形态和几何形态。

1.有机形态

有机形态不受数理规则的束缚，是一种具有很强自然性的形态（图1-7）。它看上去无规律，但其实是遵循某些自然物的形状特征或人体的动作特征加以变形。有机形态相比几何形态，具有自然、朴素、天真、活泼、随意、自由等特点。在设计有机形态时，设计师往往使用曲线，追求连贯、圆滑、富有生机的感觉。

图 1-7 ◆ 2008 年北京奥运会项目图标（部分）

2.几何形态

几何形态是运用数学的原理法则而构成的形态，与有机形态相比，具有明快、简洁的特点（图1-8、图1-9）。例如，直线的形态一般具有坚硬的感觉，正方形、正三角形、正多边形等形态具有很强的完整性与安定感；曲线的几何形态一般具有柔和感，其中圆形具有较强的注目性；由直线与曲线混合构成的形态也很常见。但由于几何形态缺少一定的运动感与自由性，因此可对其形态轮廓进行适当的变化处理。

图 1-8 ◆ 墙体形态构成

图 1-9 ◆ 楼梯形态构成

四、学习形态构成的意义

　　构成已应用于当代生活和经济等诸多领域，是一切从事平面设计、广告设计、装饰设计、工业设计、网页设计、建筑与室内设计等工作的专业人员必要的基础训练。社会的飞速发展，要求设计师继续发展形态构成学原理，并运用原理去创造符合新时代要求的设计作品。

构成与环境
艺术设计

　　学习形态构成有以下两层意义：

　　一是开拓视野，培养对形态的认识能力、构思能力和创造能力。

要学会和掌握更多对客观事物的观察方法，时刻做个有心人，以便发现问题，进行分析，并加以记录。另外，根据心理活动的规律，把直觉思维和逻辑思维（如归纳法、演绎法等）结合起来运用，更有利于创造力的开发与培养。

二是提高素养，培养立体空间感觉和对美的判断能力。

在艺术和设计的创作中，感觉和判断力是十分重要的一个因素，它既来源于天赋，也需要经过对大量优秀的艺术和设计作品进行欣赏和分析，更需要大量的实践练习进一步加深理解（图1-10）。只有这样，才能培养出良好的立体空间感觉和对美的判断能力，这也是从事各项设计工作的重要素质条件。

> **📖 教学互动**
>
> 学习要讲究方式方法。教师在教学过程中要做到因材施教，那么同学们在学习时应该如何做好个人学习规划，做新时代的好学生呢？

图 1-10 ◆ 古建筑斗拱形态的美感

✎ 任务实训

以小组为单位搜集整理6~8个具象形态和抽象形态案例，分别从应用领域、形态类型以及内含元素等方面分析所选案例，并制作PPT进行课堂分享。

任务二 构成设计法则

📋 任务目标

理解构成设计法则对于构成创作的重要性，掌握常见构成设计法则的原理；

通过不同构成设计法则的对比学习，形成对构成设计法则的完整认识；

培养对形式美的感受力，综合提高美感和艺术素养。

🏆 任务重难点

常见形式美法则的原理内涵；运用形式美法则设计创作构成作品。

形态构成的法则

一、形式美法则的概念

亚里士多德说："美的主要形式是秩序、匀称与明确。"美是抽象的也是有形的，如何让碎片式的构成元素展现出独特的设计之美，首先就要学习和掌握形态美学的原理方法——构成设计法则。构成设计法则能够帮助人们协调和构建好各个基本元素之间的主次关系、前后顺序、大小对比以及疏密变化等。

构成设计法则的代表就是形式美法则。在自然界中，各种事物都以极富美感的形态存在，这些美丽的

> **💬 教学互动**
>
> "无规矩不成方圆。"构成艺术美学的"规矩"就是形式美法则。同学们在学习本任务内容时，要学会总结规律，逐渐养成理性的美学设计思维。

事物都蕴藏着极为丰富的形式美要素。如海螺的生长结构符合数学秩序的规律性；松树松塔的生长结构，从小到大、从密到疏、从中心向外渐次扩散，具有优美的比例关系和较强的韵律。这些形式美要素，通过人的视觉器官对大脑产生刺激，固化为认知图式，在长期的社会生活实践中积淀下来，逐渐形成了一整套视觉经验。

在现实生活中，人们由于经济地位、文化素质、生活习俗等不同而具有不同的审美观念。然而，单从形式角度来评价某一事物或视觉形象时，大多数人对于美丑的判断存在着一种基本的共识。这种共识是人们在长期生产、生活实践中形成的，它的依据就是客观存在的美的形式法则，一般称之为"形式美法则"。形式美是一种具有相对独立性的审美对象，它是指构成事物的物质材料的自然属性及其组合规律所呈现出来的审美特征。形式美的构成因素可以分成两大部分：一部分是构成形式美的感性质

料；一部分是感性质料之间的组合规律或称构成规律、形式美法则。

形式美法则已经成为现代设计的理论基础知识，在设计构成的实践中也具有重要的指导意义。形式美法则应用于设计构成领域，就是将具象的构成基本元素结合特定美学形式，以满足预设的美学命题并生成具有构成美感的图案。形式美法则是人类在生产劳动中创造出来的美的形式和规律经验的总结与概括，能有效地指导构成设计，使人们创造出符合美学要求和规范的作品。

二、形式美法则的类型

（一）对称与均衡

对称是指沿中轴线使两侧的形态完全相同或相近的设计手法，是一种经典的形式设计手法。古希腊哲学家毕达哥拉斯曾经说过："美的线性和其他一切美的形体都必须有对称形式。"对称可以在视觉上取得力的平衡，让人感到完美无缺，体现了一种端庄、安定、典雅、庄重和秩序的美感。但是对称由于过度完美从而缺乏变化，有时候会显得单调、呆板、缺乏生机。对称的类型可以分为轴对称、旋转对称等（图1–11）。

图 1-11 ◆ 飞檐与藻井的对称性

均衡是指形态的左右或者上下并不相同，但各自对应体量感相同的一种视觉平衡形式。均衡具有稳定、和谐的特点，符合大多数人的审美要求。均衡是形式美的一种不对称的平衡状态。虽然图形不对称，但可利用力学的"杠杆原理"，通过形态的大小等相互关系的调整，从而获得视觉上的平衡。均衡指通过构成元素的形状、色彩和材质的分布作用形成视觉满足，使人在观察对象时产生一种平衡、安稳的感受。

在建筑方面，从巴黎圣母院到故宫到处可见对称的美，中国的古典园林和鸟巢体育场则是均衡美的代表。在现代室内空间设计中，空间的对称与均衡不会导致视觉冲突，而是让空间处于一种自然协调的状态。现代室内功能日趋复杂，"基本对称、适当均衡"成为主流设计形式，只有充分利用前后左右各方面的要素，进行综合处理，才能达到对称均衡的效果（图1-12）。

图 1-12 ◆ 室内设计中的对称与均衡

（二）变化与统一

变化是指强调构成元素各自的特点，使画面呈现出丰富差异性的美感。变化能使设计主题更加鲜明突出，画面更具有冲击力和跳跃性（图1-13）。

统一是把性质相同或相近的造型要素或符号有意识地排列在一起，以表现出画面的整体感和秩序感。统一能够赋予造型以条理、和谐、秩序的特质，使视觉获得一种持久的、可预测的美感（图1-14）。

▮▮ 教学互动

事物是不断发展变化的。这既是形式美法则的内涵，也是同学们应有的学习态度。在学习理论知识时不能墨守成规，而要学会融会贯通，直至形成自己的设计理念。

图 1-13 ◆ 建筑设计中的变化　　　　　　　　图 1-14 ◆ 建筑设计中的统一

　　富于变化的形象更容易引起人的注意，使人产生新鲜感和愉悦感。因此，构成中的形态和形象必须有变化。但如果只有变化、没有统一，就会导致杂乱无章，缺乏和谐与秩序。因此，可以利用主题来统一全局，统筹安排线的方向、形状的大小、色彩的变化，来取得多样统一的效果。室内设计中，统一与变化的形式要素是人们的视觉对室内空间进行感知、理解的前提条件。这种形式要素按一定的方法与规则构成、限定并丰富空间。要素自身的变化与统一以及在空间中所产生的构图关系影响着空间的基本格局和性质，在环境中发挥重要的作用，带给人丰富的视觉感受（图 1-15）。

图 1-15 ◆ 室内设计中的变化与统一

（三）节奏与韵律

节奏是指形态合乎规律的周期性变化，就是相同的形态反复出现的构成设计法则。这种反复是有一定差别的反复，是节奏的重要标志，没有反复就形不成节奏的连续区间，也不可能让人有节奏之感。"节奏"原本是音乐术语，在音乐中被定义为"各种音响有一定规律的长短强弱的交替组合"，延伸到造型艺术中则被认为是反复的形态和构造。将形态按照等距形式反复排列，进行空间位置的延伸，就会产生节奏感，使人在视觉上感受到动态的连续性。

韵律是节奏的变奏处理，是节奏的变化形式。"韵律"也是音乐术语，主要包括音的高低、轻重、长短的组合，音节和停顿的数目及位置，节奏的形式和数目，等等。在构成设计中，不同的形态对比和变化程度，会营造出不同感觉的韵律。如果变奏的间隔为几何级数，赋予重复的形态以强弱起伏、抑扬顿挫的规律变化，就会产生优美的律动感。

韵律在节奏基础上汇聚成完整的体系，节奏同时也随着韵律发展得以延续。节奏与韵律往往互相依存、互为因果（图1–16、图1–17）。

图1–16 ◆ 室内设计中的节奏与韵律

图 1-17 ◆ 建筑设计中的节奏与韵律

（四）对比与调和

对比是指在质或量方面存在区别和差异的各种形式要素的相对比较，它能使主题更加鲜明生动，视觉效果更加强烈和活跃。对比分为形的对比、质量感的对比、刚柔动静的对比等。各种要素在对比中相辅相成、互相依托，获得活泼生动而又不失完整性的效果。对比关系主要通过视觉形象的各方面对立因素来体现，包括如物体形态的虚实、轻重、动静、软硬，色调的明暗、冷暖，方向的曲直，数量的多少，排列的疏密，等等（图 1-18、图 1-19）。

图 1-18 ◆ 造型的对比　　　　　　　　图 1-19 ◆ 色块的对比

调和即构成对象的部分之间不是分离和排斥，而是统一与和谐，被赋予了秩序的状态。一般来说，对比侧重区别差异，调和侧重统一和谐。适当减弱图形各个要素之间的差异，能够给人以调和之感，如同类色、邻近色等搭配具有和谐宁静的效果。调和是相同或相似的共性因素有规律地组合，把差异因素的对比降到最低限度，使形态之间有所衔接，使构成的整体有明显的一致性（图 1-20）。

图 1-20 ◆ 建筑立面光影的调和

对比与调和在构成设计中是相辅相成的（图 1-21）。在形态构成中过度偏于对比，

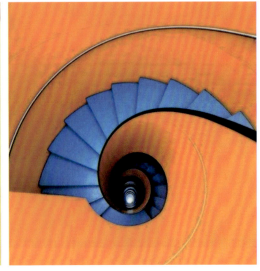

图 1-21 ◆ 阶梯设计的对比与调和

容易出现杂乱无章、过于零散的现象，产生生硬、冲突、破碎的不协调感；而若过于讲究调和，则容易出现呆板、乏力、缺乏生机的现象，视觉效果软弱、沉闷。因此，既要强调对比，使作品充满张力；也要注重调和，使作品具有良好的平衡。构成中的对比与调和是从多个维度而言的，主要包括形体、色彩、材质三个方面。

✎ 任务实训

1. 设计构成的形式美法则有哪些？请分别列举并介绍它们的原理和内涵。

2. 开展校园调研活动，搜寻校园中哪些建筑物或室内空间具有形式美特点。

模块二
平面构成

❏ 知识目标

了解点、线、面等基本形态要素，知晓平面构成的各种表现形式，在设计实践中掌握平面构成的规律。

◆ 能力目标

培养形象思维能力和设计创造能力，能够熟练运用平面构成的要素和形式进行设计创作。

◆ 素质目标

掌握平面构成的基础理论，认识到平面构成在形态构成乃至设计艺术中的重要地位。

任务一　平面构成概述

▤ 任务目标

观察生活中的点、线、面形态要素，了解点、线、面要素组合后产生的美感效果；

运用不同的点、线、面要素组合变化，尝试创作一件平面构成作品。

平面构成概述

🏆 任务重难点

点、线、面要素的组合变化与设计运用。

一、平面构成的概念

平面构成，指将既有形态的点、线、面在平面内按照一定的秩序和法则进行分解、组合，构成理想形态的组合形式。平面构成是从包豪斯精神发展而来的现代设计教育体系中作为基础训练的"三大构成"教学法的重要组成部分。

平面构成是现代科学技术和现代审美理想相结合的产物，它综合了现代物理学、光学、数学、心理学等的成就，摒弃了传统美术客观再现对象的描绘手法，并受到西方现代美术重形式、重抽象表现和包豪斯的新造型观念的影响，以抽象形态为主要表现对象，强调形态之间的比例、平衡、对比、节奏、律动等关系，具有变化无穷的表现力和朴素的理性美。

平面构成是培养创造力的基础训练，它可以排开实用的目的要求，如功能、材料、造价等关系，单纯研究形式美的造型方法，并将具有普遍性的造型规律用于指导设计实践活动，如广告设计、印刷设计、工业设计、建筑设计、时装设计等，在规律与突破之间有效地挖掘人的创造潜力。

在平面构成设计中，分割与组合是两种最主要的造型方式；基本形和骨格是平面构成中两个最基本的组成部分；肌理与质感是形态的表面特征，是构成平面视觉感受的一种很重要的语言。平面构成的手法有重复、渐变、特异、发射、肌理、对称、错觉、密集、群化等。

二、平面构成的要素

（一）点

点是平面构成中最小、最基本的元素。一个点，可以准确标明位置，吸引人的注意力；多个点的组合，可以表现丰富的形象内涵。

1. 点的特征

点的大小不固定。点的大小在于比较，具有不固定性。例如，一滴墨水与本子相比，墨水就是点；本子与书桌相比，本子就是点；而书桌与教室相比，书桌就是点。点的形状不固定。点的形状可以是任何形态。因为点的标志是"小"，而不是它的形状。

从点的作用来看，点是力的中心。一个点可以标明位置，两个点可以构成视觉心

> **教学互动**
>
> "不积跬步，无以至千里。"构成艺术的学习从"点"开始，串点成"线"，连线成"面"。因此，任何学习都要注重打好坚实的基础，只有如此才能铸就知识的大厦。

理连线，三个点可以构成三角连线，多个点可以使注意力分散，使画面呈现动感。从点的排列来看，点的规律排列可以形成节奏感。点的横向排列具有稳定感，倾斜排列具有动感，弧线排列具有圆润感。从点的大小来看，点越大视觉表现力越强。但过大的点也有空洞、不精巧的感觉（图 2-1）。

两个点连线的特征

左右移动，有平稳感　　　上下移动，有上升感　　　斜向移动，有运动感

三个点的视觉特征

稳定感　　　　　　　不稳定感　　　　　　不完整感

多个点的视觉特征

规律排列，有节奏感　　无规律排列，有动荡感　　螺旋排列，有纵深感

图 2-1 ◆ 点的视觉特征

2. 点的构成

在空间环境中，家具、灯具、装饰物品甚至光影都可以被看作是点。三大界面（地面、墙面、顶面）为点元素的设计提供了充分的空间，这些点在室内外造型设计中的应用兼具功能性及装饰性。从形式上来看，空间中的点有实点、虚点之分，实物形态多为实点构成，光影形态多为虚点构成（图 2-2、图 2-3）。

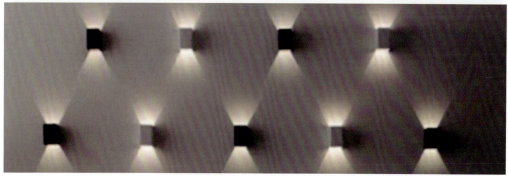

图 2-2 ◆室内装饰的实点构成

图 2-3 ◆建筑设计的虚点构成

（二）线

线是由点的平移而得来的平面构成元素。如果线宽的粗细比例超过一定限度或线密集排列，则线会转化成为面。按照线形的轨迹，线元素可以分为直线以及曲线两种类型。

1. 线的特征

粗线、长线、实线有向前突出感，给人距离较近的感觉；细线、短线、虚线有向后退缩感，给人距离较远的感觉。直线明快、有力，具有速度感和紧张感；曲线优雅、流动，具有柔和感和节奏感。粗线厚重、醒目、有力；细线纤细、锐利、微弱。自然界中线的表现形式极为丰富，如交织绵延的山川和湖泊，体现了自然的线元素之美（图 2-4）。

图 2-4 ◆ 自然界中的线元素

2. 线的构成

建筑室内设计中，常见的实线多由实体构成，如家具、门窗、柱梁以及立面造型等；虚线一般是由光影变化以及实体间的缝隙，即空间线构成。功能线则是承担具体功能作用的线，许多结构受力构件就属于功能线的范畴，因结构的要求而形成了水平、垂直、倾斜的线形，既可体现其功能性，又可产生较强的艺术感染力。建筑外观设计和室内造型设计无处不体现着线元素的应用（图2-5～图2-7）。

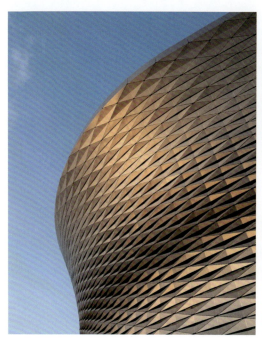

图2-5 ◆ 建筑造型的线构成

图2-6 ◆ 建筑表皮的线构成

图 2-7 ◆ 室内设计的线构成

（三）面

面是平面构成中具有长度、宽度的二维空间元素，几何学中将面定义为线条移动形成的轨迹，面在画面中起到衬托点和线的作用。

1. 面的特征

根据线框的不同形式，面主要可分为以下几类：一是直线形的面，即由直线构成的形态面，如三角形、矩形等，表现出一种稳定的秩序感（图 2-8）；二是曲线形的面，即由曲线构成的形态面，以弧形、圆形等最为多见，表现变化之美，富含创造性（图 2-9）；三是不规则形的面，即由直线和曲线创意构成的形态面，兼具直线与曲线两者的美学特征。

此外，面还可以分为几何形和有机形：几何形，也称无机形，是由符合数理规律的直线或曲线，或直曲线相结合形成的面，如正方形、三角形、梯形、菱形、圆形等，具有数理性的简洁、明快、冷静和秩序感，被广泛地运用在建筑室内环境设计中；有机形，是一种不可用数学方法求得的形态面，富有自然意味，具有生命的韵律和纯朴的视觉特征，如自然界的鹅卵石、树叶和瓜果等外形都是有机形。

图 2-8 ◆ 建筑中直线形的面

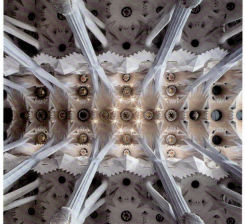

图 2-9 ◆ 建筑中曲线形的面

2. 面的构成

在建筑室内环境设计中，如果能够利用好面元素的复杂性以及兼容性，就可以形成视觉的绝对中心，营造出独特的美感。面有两种意义：一是作为体的表面，表现体的形状及表面形式；二是作为片状的形体独立存在。顶面、地面、墙面是限定空间的主要因素，但它们依附于建筑体的表面而存在，与体一起构成建筑的形态。中国传统建筑的屏风、影壁是独立的面，起阻挡视线与划分内外的作用；现代建筑的墙面也采用新结构形式，使面从体中脱离出来，表现出层板的构成形式，使空间具有轻盈、通透的表现效果（图2-10）。

图 2-10 ◆ 建筑表皮的面构成

✍ 任务实训

发现生活中点、线、面要素组合形成的平面构成形态，拍摄照片并分别分析点、线、面的构成特征。

任务二 平面构成形式

任务目标

了解基本形与骨格的含义及应用，掌握常见平面构成形式的内涵及特征；
通过平面构成形式的绘制练习，领会各种形式之间的异同。

任务重难点

各种平面构成形式的含义、特征及综合应用。

一、基本形与骨格

1. 基本形

在平面构成中，基本形是表现构成形态的基本形象单位，每一个不能再细分的组成单位称为基本形（图2-11）。基本形以简单为宜，切忌繁杂。基本形能使构成形态产生整体而有秩序的统一感。

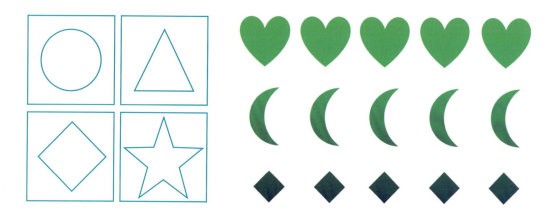

图2-11 ◆ 基本形

任何点、线、面及其组成的图形都可以是基本形，也可以通过形与形的分离、接触、结合、重叠、差叠、透叠、减缺、分割和重合等方法进行基本形的再造，形成更多新的形态，创造出崭新的视觉效果（图2-12）。

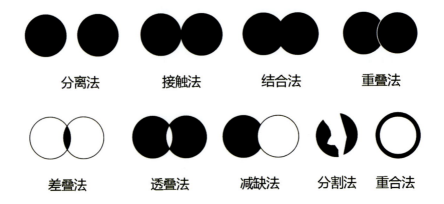

分离法　　　　接触法　　　　结合法　　　　重叠法

差叠法　　　　透叠法　　　　减缺法　　　分割法　重合法

图 2-12 ◆基本形再造

2.骨格

管辖基本形的线性框架称为骨格，用来控制形与形、形与空间的关系。骨格就是为了让基本形有序排列而设计的有形或无形的格子、线、框。骨格与基本形一起构成画面，两者相互联系、相互作用（图 2-13）。

骨格分为规律性骨格和非规律性骨格。规律性骨格有严谨的骨格线，在排列时骨格线可出现，也可不出现。非规律性骨格没有精确严谨的骨格线，排列方式更自由。

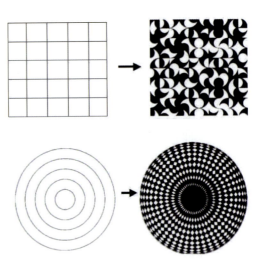

图 2-13 ◆骨格与基本形构成画面

二、重复构成

（一）重复构成的含义

重复构成是指相同的形态和骨格连续、有规律、有秩序地反复出现（图 2-14）。图形的形状、大小、方向、色彩、肌理等因素的相同都称为重复。在同一视觉画面中相同的图形重复出现两次或两次以上的平面构成即为重复构成。

Ⅲ 教学互动

重复构成并不是一味的复制。同学们在学习重复构成时要总结其规律，学会举一反三，从而为学习其他构成形式奠定基础。

（三）近似构成的分类

近似构成总体可以分为基本形的近似与骨格的近似。基本形的近似有形状、大小、色彩、肌理等方面的近似。

✍ 任务实训

1. 近似构成和重复构成有哪些相同和不同之处？

2. 利用近似构成的表现形式完成构成设计作品。

近似构成

四、渐变构成

（一）渐变构成的含义

渐变构成集中表现的是基本构成元素在某一方面的有序变化，这种变化可以是单纯形态渐变的构成，也可以是依照一定命题，并蕴含一定导向性原理的构成实践（图2-16）。

图 2-16 ◆ 渐变构成作品

在哲学范畴中可以将其概括为"量变的积累引起质变的发生"。

（二）渐变构成的特征

渐变构成的变化主要集中在基本形的形状、方向、大小以及色调等方面。相邻两个基本元素之间微小量变的不断积累，最终将形成画面的开始与结尾对比极强的艺术效果。

（三）渐变构成的分类

骨格和基本形都可构成渐变。渐变构成可以分为形状的渐变、方向的渐变、位置的渐变、大小的渐变、色彩的渐变等。

✎ **任务实训**

1. 渐变构成中的变化有哪些种类？
2. 运用渐变构成的原理进行构成练习。

渐变构成

五、发射构成

（一）发射构成的含义

发射构成是基本形或骨格环绕一个共同的中心点向外散开或向内集中的构成形式（图2-17）。发射中常常包含着重复和渐变的形式，所以有时发射构成也可以看成是一种特殊的重复或渐变构成。

> **▮▮ 教学互动**
>
> 团队的凝聚力是团队竞争力的核心。在发射构成中，只有所有元素朝着一个方向努力，才能呈现较强的艺术特点。同学们在学习中也要积极进行团队配合。

（二）发射构成的特征

发射构成能给人以强烈的吸引力和突出的视觉效果。发射具有方向的规律性，其最重要的视觉焦点就是其发射中心。发射的基本形统一向中心靠拢（发散型发射），或由中心向四周散开（聚拢型发射），有时可以造成流动的动感，有时可以产生爆炸般的冲击力。

（三）发射构成的分类

发射构成由发射方向、发射点和基本形构成。发射点是画面的中心和焦点，其具体位置可以是画布的几何中点，也可以为了达到特定的构成效果而偏离画面几何中心。根据发射的构成特点，可将其分为中心发射、同心发射、偏心发射以及螺旋发射等类别。

图 2-17 ◆ 发射构成作品

✎**任务实训**

1. 谈谈发射构成在设计中的应用。

2. 任选一个或者几个基本形进行发射构成的训练。

发射构成

六、特异构成

（一）特异构成的含义

特异构成是指在规律的重复、近似、渐变、发射等基本形和骨格中出现不规则的变化，使之与其他的基本形和骨格形成强烈的视觉差异的构成形式（图2-18）。特异构成的效果是从比较中得来的，通过小部分不规律的对比形成视觉焦点。

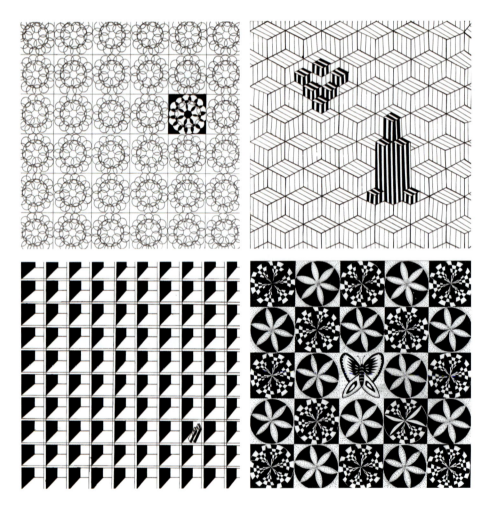

图2-18 ◆ 特异构成作品

（二）特异构成的特征

特异构成的特征在于有意违反画面固有次序，使个别要素突出，打破规律性，引起人们的注意，从而展现出一定的设计意图。特异构成能使画面活跃，特异的基本形具有视觉焦点的刺激作用，能够产生独特的艺术效果。在设计中要注意把握特异成分的比例，如果过分夸大特异元素，反而会削弱对比的艺术表现效果。

（三）特异构成的分类

特异构成的种类有形状特异、大小特异、色彩特异、方向特异、骨格特异、肌理特异等。

✎ 任务实训

1. 搜集 3 ~ 5 个特异构成在现实生活环境中的案例。
2. 任选一个或者几个基本形进行特异构成的训练。

七、肌理构成

（一）肌理构成的含义

肌理构成是指将不同物质表面的肌理通过一定的手段进行构成设计（图 2-19）。"肌理"指形象表面的纹理，又称质感。由于物体的材料不同，表面的组织、排列、构造各不相同，因而分别会产生粗糙感、光滑感、软硬感等不同的肌理感觉。

（二）肌理构成的特征

肌理是一种特殊形式的美，它让人能够从视觉直观感受到形态的质感和纹理感。从审美的角度去研究和应用肌理的特征和属性，就使平面构成有了更多的视觉语言和表达手段。在设计实践中，表面的处理除了明暗关系、色彩关系的处理外，还要再加上肌理关系的处理，才能从手法和视觉上丰富设计效果。肌理特殊的视觉感受是其他视觉形式所不能替代的。

（三）肌理构成的分类

肌理包括视觉肌理和触觉肌理。肌理构成主要有以下几种类别：材料组合式、拓印式、笔触式、喷射式、聚印式、晕染流滴式、颜料浸染式、浮刻式、碾压式、综合式等。

图 2-19 ◆ 肌理构成作品

✍ 任务实训

1. 肌理有什么视觉特点？

2. 如何将肌理质感运用在设计构成中？

3. 运用各种材料，挖掘材料肌理美感，进行肌理构成训练。

肌理构成

色彩构成

◈ 知识目标

了解色彩构成的概念与意义，掌握色彩构成的基本要素，了解色彩的基本原理及应用。

◈ 能力目标

具有基本的色彩识别与审美能力，具有综合运用色彩知识进行设计构成的能力。

◈ 素质目标

兼修科学的色彩分析方法与艺术的色彩敏锐力，培养设计师必需的色彩综合素质。

任务一 色彩构成概述

▤ 任务目标

掌握色彩及色彩构成的基本概念，了解不同色彩的感觉，在设计中能够合理地运用色彩的生理和心理特征；

通过案例演示法、体验法，形成对色彩构成的感性认识；

培养对色彩的敏感性、对美的感知能力。

🏆 任务重难点

色彩三属性的定义；不同色彩给人的感觉及其应用场景。

色彩构成的原理

一、色彩构成的原理

光是色之母，色是光之子，光是色彩产生的前提。色彩能够装扮大自然、装点生活，使世界丰富多彩、色彩斑斓。人能够知觉物体存在的基本视觉因素是色，所谓"色"即不同波长的光刺激人眼的视觉反映。牛顿利用三棱镜将太阳光分解为包含红、橙、黄、绿、蓝、靛、紫七色的光谱后，人们对色彩才有了科学的认识。

视觉是人通过眼睛感知环境及物体的感官功能。它是人们体察物质世界，如物体和环境等的主要方式，而且也是人体唯一能够分辨颜色的途径。当色彩通过光进入人的眼睛后，就会在无形中影响人的情绪。因此，色彩构成，是从人对色彩的知觉和心理效果出发，用科学分析的方法，把复杂的色彩现象还原为基本要素，利用色彩在空间、量与质上的可变性，按照一定的规律去组合各构成因素之间的相互关系，再创造出新的色彩效果的过程。

更进一步说，色彩构成是以纯粹的形式研究色彩的色相、明度、纯度及其他各项要素的变化。其内容包括背景色与图形色，色彩的平衡、节奏，色彩的强调、分隔、统一等。学习色彩构成，首先应了解、掌握色彩的基本知识，通过抽象和具象的色彩图形练习，掌握色彩变化的规律，学习运用色彩的技巧。

▮❙ 教学互动

"赤橙黄绿青蓝紫，谁持彩练当空舞"是毛主席的诗句，描绘了绚烂无比的色彩世界。同学们在学习色彩构成时，要有广阔的视野和胸怀，用色彩谱写青春的华章、绘就人生的作品。

色彩的产生

二、色彩构成的要素

和平面构成一样，点、线、面同样是色彩构成最为基本的三个造型要素。但色彩构成除了造型要素外，还有基于自身性质和特点的三个基本要素，即色相、明度、纯度。这三个基本要素也称为色彩的三个基本属性（图3-1）。

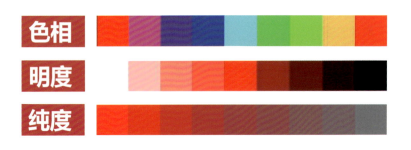

色彩三属性

图3-1 ◆ 色彩三要素

（一）色相

色相即色彩的相貌名称，是色彩所呈现出来的质的面貌。例如红色、绿色、蓝色等等称谓。色相是色彩的首要特征，是区别不同色彩最直接的标准。除黑、白、灰以外的其他颜色都有色相属性。

（二）明度

明度是指色彩的亮度，即色彩的明暗、深浅程度的差别。明度取决于反射光的强弱。它包括两个含义：一是指一种颜色本身的明与暗；二是指不同色相之间存在着明与暗的差别，如光谱色中黄色明度最高，紫色明度最低，红、靛色明度居中。

（三）纯度

纯度是指色彩的鲜艳程度，即各种色觉的浓度。纯度取决于该色中含色成分和消色（黑、白、灰色）成分的比例。含色成分越多，色彩纯度越高；消色成分越多，色彩纯度越低。

✎ 任务实训

查找资料并尝试绘制十二色相环。要求构图合理，上色工整，画面干净整洁，色彩之间的关系正确。

三、色彩的感觉

色彩本身是没有情感的，人之所以能对色彩产生感觉，是因为长期生活在色彩环境中，积累了许多视觉经验，这些经验与某种色彩刺激发生呼应时就会激发某种感觉。

（一）色彩的冷与暖

在色彩心理学中，红橙色被定为最暖色，蓝绿色被定为最冷色，接近最暖色的色彩，如红、橙、黄等，称为暖色；接近最冷色的色彩，如蓝、紫等，称为冷色（图3-2）。暖色使人联想到阳光、火焰，产生暖的感觉（图3-3）；冷色使人联想到水、冰，产生冷的感觉（图3-4）。色彩的冷暖并非绝对的，任何一种色彩都可能相较于另一种色彩偏冷或偏暖。

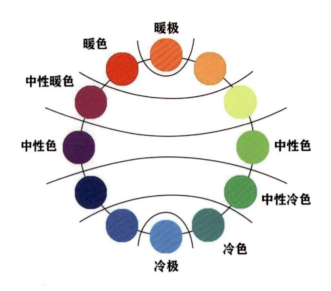

图 3-2 ◆ 色彩冷暖的划分

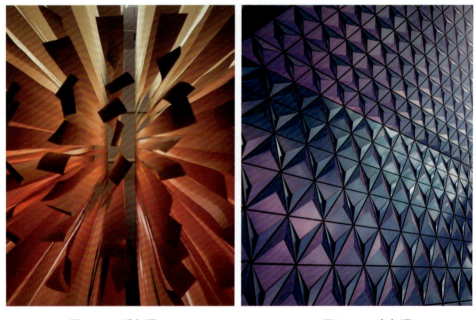

图 3-3 ◆ 暖色调   图 3-4 ◆ 冷色调

（二）色彩的轻与重

　　色彩的轻重感取决于色彩的明度和纯度（图 3-5、图 3-6）。色彩明度越高，感觉越轻，明度越低，感觉越重。明度相同时，纯度越高，色彩感觉越轻；纯度越低，色彩感觉越重。

图 3-5 ◆ 色彩的轻盈感　　　　　　　　　图 3-6 ◆ 色彩的厚重感

（三）色彩的软与硬

　　色彩的软与硬和色彩的明度、纯度也有极大的关系（图 3-7、图 3-8）。低纯度、高明度的色彩具有柔软感；高纯度、低明度的色彩具有坚硬感。

图 3-7 ◆ 色彩的柔软感　　　　　　　　　图 3-8 ◆ 色彩的坚硬感

（四）色彩的进与退

色相为长波长的色彩，如红、橙、黄，有前进、膨胀感；色相为短波长的色彩，如蓝、靛、紫，有后退、收缩感。明度高的色彩有前进、膨胀感，明度低的色彩有后退、收缩感。高纯度的色彩有前进、膨胀感，低纯度的色彩有后退、收缩感（图3-9、图3-10）。

图 3-9 ◆ 色彩的前进感

图 3-10 ◆ 色彩的后退感

（五）色彩的欢快感与忧郁感

色彩的欢快感、忧郁感与明度和纯度有关系（图3-11、图3-12）。高明度、高纯度的色彩给人感觉欢快；低明度、低纯度的色彩给人感觉忧郁。强对比色调有欢快感，弱对比色调有忧郁感。

图 3-11 ◆ 欢快跳跃的色彩氛围

图 3-12 ◆ 忧郁沉闷的色彩氛围

✍ 任务实训

以色彩的感觉为主题进行创作练习，表现酸甜苦辣、春夏秋冬、喜怒哀乐等感觉（图 3-13、图 3-14）。构图自定，要求画面主题明确，视觉效果丰富。

图 3-13 ◆ 表现酸甜苦辣感觉的色彩 　　　　　图 3-14 ◆ 表现春夏秋冬感觉的色彩

▌▌教学互动

在尊重客观规律的同时，也要发挥人的主观能动性。色彩本身没有情感，色彩传递出的感觉取决于人类的社会文化以及心理效应。除教材介绍的色彩感觉外，你还能说出色彩的哪些感觉？

四、色彩的应用

色彩心理与情感

（一）红色

红色的象征意义：生命力、激情、积极、热诚、警告、危险、战争。

红色的心理意义：能直接刺激交感神经，使人体处于兴奋、紧张的状态。

在室内空间设计中，深红色可以用作衬托，有深沉而又热烈的感觉；大红色醒目，可用在空间亮点区域；浅红色温柔稚嫩，可用于局部家具和墙面的搭配。但是不同层次的红色都有着热情、红火的寓意（图 3-15）。

图 3-15 ◆ 红色在餐饮空间的应用

（二）橙色

橙色的象征意义：愉快、有趣、活泼、健康、成熟、饱满、温暖。

橙色的心理意义：让人变得兴奋、直率、充满活力。

在室内空间设计中，橙色能够彰显空间的喜庆和高贵，也能够增加客人用餐的食欲（图 3-16）。橙色与浅绿、浅蓝相配，能构成明亮、欢乐的色彩；与浅黄色相配，能产生很自然的过渡色。

图 3-16 ◆ 橙色在餐饮空间的应用

（三）黄色

黄色的象征意义：太阳、黄金、财富、帝王、权力、乐观、开朗、土地、警示。

黄色的心理意义：给人愉快、辉煌、温暖、充满希望和活力的印象；但因为略显浮夸，也被认为有轻薄之感。

在室内空间设计中，黄色与水泥灰搭配展现了工业风效果，有助于提高人们在空间中的情绪，塑造乐观、积极的心态（图 3-17）。

图 3-17 ◆ 黄色在健身空间的应用

（四）绿色

绿色的象征意义：植物、大自然、生命、希望、清爽、成长、宁静。

绿色的心理意义：给人一种春天的感觉，传递豁达、宁静、平和的心情，让人显得更加年轻美丽。

服务业、医疗卫生业等室内空间常涂饰绿色，可以避免眼睛疲劳，营造明澈、通透、优雅的整体空间气质（图 3-18）。

图 3-18 ◆绿色在服务业空间的应用

（五）蓝色

蓝色的象征意义：蓝天、大海、永恒、美丽、文静、理智、安详、洁净。

蓝色的心理意义：常与白色相配，给人明朗、清爽、洁净的感觉。

蓝色常用于代表科技感、体现效率的商品或企业形象，具有安定情绪的作用。在室内空间设计中，常采用蓝色营造出深邃的氛围，通过多维度的视觉效果，将富有自然魅力的气质呈现得淋漓尽致（图 3-19）。

图 3-19 ◆ 蓝色在展厅空间的应用

（六）紫色

紫色的象征意义：魔法、宗教、神秘、细腻、魅惑、深邃、内敛。

紫色的心理意义：处于冷暖之间的中间状态，给人一种平衡感，同时存在着很多种可能性；如果加入白色，则会给人以柔和亲近的感觉。

在室内空间设计中，紫色的运用要突出简洁、时尚、大气，否则就会产生陈旧、保守的观感。紫色可以与黑色搭配，形成对比，给人以视觉上的冲击（图 3-20）。

（七）褐色

褐色的象征意义：舒适、安全、松脆、浓香、原始、品位、古典、优雅。

褐色的心理意义：让人联想到具有丰富内涵、高雅格调的事物，易使人产生信任感。

图 3-20 ◆ 紫色在商店空间的应用

在室内空间设计中，常通过使用木材、石材、棉麻等天然材料来呈现褐色，使空间别具一种原始自然的风味（图 3-21）。

图 3-21 ◆ 褐色在家居空间的应用

（八）黑色

黑色的象征意义：结束、深沉、肃穆、专业、冷静、严峻。

黑色的心理意义：让人联想到黑夜与死亡，在不同文化中都含有悲哀的意味，但在现代却很受年轻人和时尚达人的青睐。

在室内空间设计中，黑色作为主色的情况比较少，但与其他颜色搭配时常能取得意想不到的效果。如无彩色系的黑、白、灰搭配，可以营造出硬朗前卫的工业风格（图3-22）。

图 3-22 ◆黑色在家居空间的应用

（九）白色

白色的象征意义：婚礼、完美、理想、美好、智慧、明亮、纯粹、坦诚。

白色的心理意义：给人寒冷、圣洁的感觉，通常和其他色彩搭配使用。

在生活用品及服饰等方面，白色是流行的主色，可以和任何颜色搭配。在室内空间设计中使用大面积的白色，可以营造如纱幔般轻盈的效果，使人感到纯粹和宁静（图3-23）。

图 3-23 ◆白色在餐饮空间的应用

（十）灰色

灰色的象征意义：柔和、高雅、宁静、朴素、孤寂、压抑。

灰色的心理意义：给人一种高级感，也看不出任何倾向，让人捉摸不透。

灰色是中性色，是永远流行的色彩。许多与金属材料有关的高科技产品，都用灰色来传达高级、科技的形象。在室内空间设计中，灰色适用于现代简约风格，纯粹的灰色能赋予空间与众不同的魅力（图3-24）。

图 3-24 ◆灰色在商务空间的应用

✍ 任务实训

开展调研活动，了解生活中某些特定空间是如何应用色彩的心理与生理特性的，例如医院、学校、银行、餐饮空间等。

任务二 色彩构成形式

⁑ 任务目标

了解色彩的对比与调和，学会应用色彩构成的形式；

培养对色彩搭配的感知能力，树立具有中国特色、中国风格的配色观念。

🏆 任务重难点

色彩构成形式的具体类别及其在设计中的实践运用。

一、色彩对比

色彩对比，指的是两种或多种颜色并置时，因其性质不同，产生明暗、浓淡、大小、轻重、冷暖、强弱、远近等色彩差异的现象。

"对"有双数、相互面向等意思，"比"有挨着、较量、求得异同等意思。将两种以上的色彩放在一起，是构成色彩对比的首要条件，只有将色彩在时间和空间上放置一起，才能使人准确地发现异同，最充分地显示出应有的对比效果。

色彩对比主要有色相对比、明度对比、纯度对比几种类型。

（一）色相对比

1. 色相弱对比

构成色相弱对比的几种色彩，其色相是非常接近的，色相感单纯、柔和、协调。

（1）同类色相对比

同类色相是指色相环中相距15°的色彩，属于同一色相但明度与纯度不同（图3-25）。同类色相对比使人感觉柔弱、含蓄、朴素。例如：大红和玫瑰红、浅蓝和天蓝、柠檬黄和淡黄。

（2）邻近色相对比

邻近色相是指色相环中相距30°的色彩，色相有细微变化，明度与纯度不同（图3-26）。邻近色相对比使人感觉柔和、文雅、肃静。例如：红色和橘红、紫色和蓝紫、柠檬黄和中黄。

（3）类似色相对比

类似色相是指色相环中相距60°的色彩，相对于邻近色相差异加大，对比加强

（图3-27）。类似色相对比使人感觉和谐、雅致、丰富。例如：红色和橙色、绿色与黄色、绿色与蓝色、蓝色与紫色。

色相弱对比的设计案例如图3-28所示。图中三个建筑墙面均为黄色同类色，构成色相弱对比，让空间统一和谐，营造出了温馨的氛围。

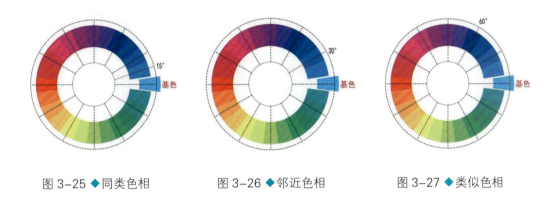

图3-25 ◆同类色相　　　　图3-26 ◆邻近色相　　　　图3-27 ◆类似色相

图3-28 ◆色相弱对比

2.色相中对比

色相中对比和色相弱对比一样，能保持其明确的色彩倾向与统一的色彩特征，但其色相感要比弱对比更明显、丰富、活泼，具有统一、协调、单纯、雅致、柔和、耐看等特点。中差色相对比属于色相中对比。

中差色相对比：中差色相是指色相环中相距90°的色彩（图3-29）。中差色相对比使人感觉明快、活跃、丰富。例如：紫色和橘色、黄色和绿色、蓝色和紫色、红色和黄色。

色相中对比的设计案例如图 3-30 所示。图中使用绿色的玻璃和黄色建筑本体搭配对比，采用色相中对比的方式营造出明快、活跃的空间氛围。

图 3-29 ◆ 中差色相

图 3-30 ◆ 色相中对比

3. 色相强对比

色相强对比的色相感，相比较色相中对比更加鲜明、强烈、饱满、丰富，容易使人兴奋激动和造成视觉或精神上的刺激。

（1）对比色相对比

对比色相是指色相环中相距 120° 的色彩，属于对比效果比较强的对比关系（图 3-31）。例如：红色和蓝色、绿色和紫色、黄色与紫红。

（2）互补色相对比

互补色相是指色相环中相距 180° 的色彩，属于对比效果最强的对比关系（图 3-32）。互补色相对比使人感觉响亮、跳跃、刺激。例如：红色和绿色、黄色和紫色、蓝色与橙色。

图 3-31 ◆ 对比色相

图 3-32 ◆ 互补色相

色相强对比的设计案例如图 3-33 所示。图中的羽毛自然形成了最强烈的色彩对比，色彩刺激、活跃、饱满、丰富。但在运用色相强对比时，要注意应用得当、搭配合理、主次有序，否则容易造成过分刺激、不安定、不协调，会产生不含蓄和不雅致的感觉。

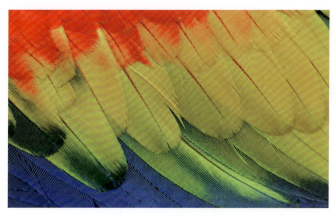

Ⅱ 教学互动

矛盾是对立统一的。色彩构成兼具对比与调和关系。色彩对比体现了矛盾的斗争性，色彩调和体现了矛盾的同一性，它们在营造色彩效果的过程中相互联结、不可分割。

图 3-33 ◆ 色相强对比

✎ 任务实训

绘制四种不同的色相对比（图 3-34）。构图不变，只变换色相关系，突出不同的色相对比带来的不同效果。

图 3-34 ◆ 色相对比构成作品

（二）明度对比

明度对比，就是指因为明度差别而形成的色彩对比关系。色彩构成的层次、体感、空间关系主要靠色彩的明度对比来实现。

1. 明度的类别

一般根据黑、白、灰系列将明度分成 11 个色阶，靠近纯黑的三阶称为低调色，靠近纯白的三阶称为高调色，中间的三阶称为中调色（图 3-35）。换句话说，就是把明度色调分为低、中、高三类。

①低明度：具有朴素、浑厚、沉重、压抑之感。

②中明度：具有柔和、含蓄、稳重、明确之感。

③高明度：具有柔软、轻快、纯洁、淡雅之感。

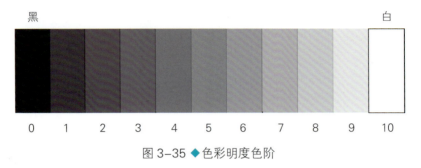

黑　　　　　　　　　　　　　　　　　　　　　　　　　　白

0　1　2　3　4　5　6　7　8　9　10

图 3-35 ◆ 色彩明度色阶

2. 明度对比的类别

色彩明度有强对比、中对比、弱对比三种对比。

①明度强对比（长调）：明度差在 5 个阶段以外的组合。

②明度中对比（中调）：明度差在 3~5 个阶段的组合。

③明度弱对比（短调）：明度差在 3 个阶段以内的组合。

3. 明度对比的基调

明度的 3 种对比和 3 种色调共可构成 9 种组合情况。

①高明度基调：高明度色彩占画面面积在 70% 左右时，构成高明度基调。高明度基调有高短调、高中调、高长调（图 3-36）。

②中明度基调：中明度色彩占画面面积在 70% 左右时，构成中明度基调。中明度基调有中短调、中中调、中长调（图 3-37）。

③低明度基调：低明度色彩占画面面积在 70% 左右时，构成低明度基调。低明度基调有低短调、低中调、低长调（图 3-38）。

图 3-36 ◆ 高明度基调——高短调（左）、高中调（中）、高长调（右）

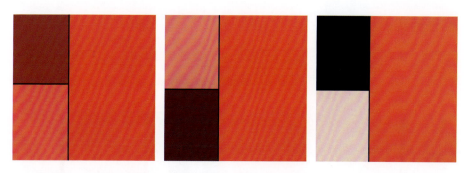

图 3-37 ◆中明度基调——中短调（左）、中中调（中）、中长调（右）

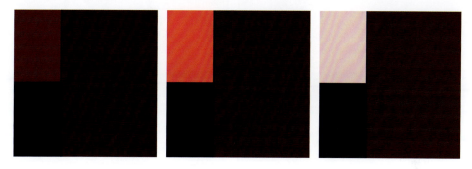

图 3-38 ◆低明度基调——低短调（左）、低中调（中）、低长调（右）

图 3-39 ~ 图 3-41 三个建筑立面分别采用黑、白、灰配合光影之间的关系从明度差异上进行对比，表现出色彩的层次感、空间感和重量感，带给人不一样的感受。

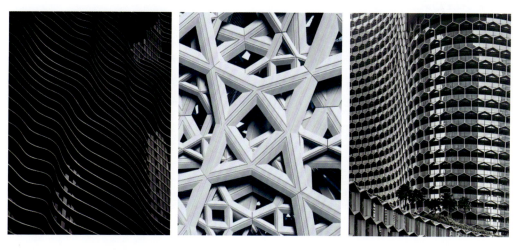

图 3-39 ◆高长调对比　　　　图 3-40 ◆中长调对比　　　　图 3-41 ◆低长调对比

✍ 任务实训

选取同一色相绘制以明度对比为主构成的九种色调（图3-42）。构图自定，要求图形有创意，表现力强，上色工整，画面整洁，明度对比色调表现正确合理。

图3-42 ◆明度对比构成作品

（三）纯度对比

纯度对比是指因纯度差别而形成的色彩对比。将不同纯度的色彩相互搭配，根据纯度之间的差别，可形成不同纯度对比关系。

1.纯度的类别

一般将色彩的纯度统分为9个阶段。以黄色为例，绘制9个矩形，将它们从1至9编号。矩形9为纯色，然后不断混入黑色，降低其纯度，得到9种颜色。它们之中，1、2、3为低纯度；4、5、6为中纯度；7、8、9为高纯度（图3-43）。

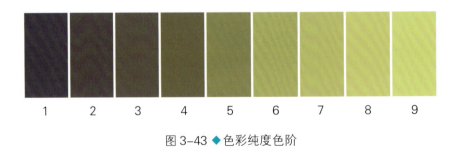

图3-43 ◆色彩纯度色阶

2.纯度对比的类别

色彩纯度有强对比、中对比、弱对比三种对比。

①强对比：纯度差在 5 个阶段以上的组合。

②中对比：纯度差在 3 ~ 5 个阶段以内的组合。

③弱对比：纯度差在 3 个阶段以内的组合。

3.纯度对比的基调

纯度的 3 种对比和 3 种色调可构成共 9 种组合情况。

①高纯度基调：高纯度色彩在画面面积占 70% 左右时，构成高纯度基调，即鲜调。高纯度基调有鲜强对比、鲜中对比、鲜弱对比（图 3-44）。

②中纯度基调：中纯度色彩在画面面积占 70% 左右时，构成中纯度基调，即中调。中纯度基调有中强对比、中中对比、中弱对比（图 3-45）。

③低纯度基调：低纯度色彩在画面面积占 70% 左右时，构成低纯度基调，即灰调。低纯度基调有灰强对比、灰中对比、灰弱对比（图 3-46）。

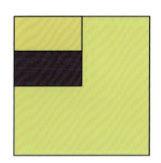 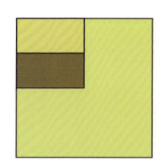 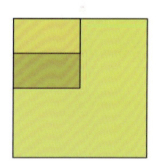

图 3-44 ◆高纯度基调——鲜强对比（左）、鲜中对比（中）、鲜弱对比（右）

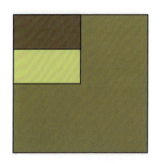  

图 3-45 ◆中纯度基调——中强对比（左）、中中对比（中）、中弱对比（右）

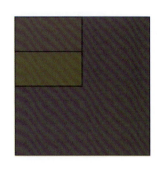

图 3-46 ◆ 低纯度基调——灰强对比（左）、灰中对比（中）、灰弱对比（右）

图 3-47 中高纯度的色彩清晰明确、引人注目，色彩的心理作用明显，但容易使人视觉疲倦，因此在局部使用了低纯度的灰色加以中和；图 3-48 中中纯度的墙面每块色彩都有变化但不跳跃，使得建筑的整体感十足；图 3-49 中低纯度的色彩平稳安静，纯净的跳跃的色彩在灰色中形成点缀，获得既稳定又活跃的空间效果。

图 3-47 ◆ 高纯度基调　　　　图 3-48 ◆ 中纯度基调　　　　图 3-49 ◆ 低纯度基调

✐ 任务实训

绘制以纯度对比为主构成的四种色调（图 3-50）。构图自定，要求图形有创意，表现力强，上色工整，画面整洁，纯度对比色调正确合理。

图 3-50 ◆ 纯度对比构成作品

二、色彩调和

德国色彩学家奥斯特瓦德说："效果使人愉快的色彩组合，我们称之为和谐。"调和可以建立视觉秩序，达到视觉生理平衡。

色彩间的差异造就了不同的对比情况，当对比过强时，会使人感到不协调。因此我们需要掌握调和的手法去调整色彩关系，使它们协调相处。

色彩调和，即通过调整使色彩和谐，是指对两个或两个以上的色彩进行有序的提炼组合与合理的组织安排，给人带来和谐、统一、美观的心理感受。

色彩调和的原则是在统一中求变化，在变化中求统一。调和后的色彩具有和谐的色彩组合关系，色彩与色彩间能形成内在的统一，达到视觉生理的一种平衡。

（一）同一调和

当色彩对比效果非常尖锐刺激的时候，可以增加各色的同一性因素，改变色彩的明度、色相、纯度，使强烈刺激的各色逐渐缓和。增加的同一性因素越多调和感越强。

1. 同一调和的类别

①同色相调和：色相相同，只有明度、纯度不同（图3-51）。它们之间形成的色彩搭配具有单纯简洁、和谐统一的美感，稳定、温馨、传统、恬静。

②同明度调和：明度相同，只有色相、纯度不同（图3-52）。其色彩的搭配组合，可以营造出含蓄、雅致的美感。

图3-51 ◆同色相调和　　　　　　图3-52 ◆同明度调和

③同纯度调和: 纯度相同, 色相、明度不同 (图 3-53)。其色彩的搭配也较易调和, 但互补色相除外。

④调性调和: 所有色彩处在同一的色彩倾向之下, 好似戴上有色眼镜看到的画面, 显得非常协调统一 (图 3-54)。

图 3-53 ◆同纯度调和　　　　　　　　图 3-54 ◆调性调和

2.同一调和的方法

①混入同一色彩调和: 让对比的双方或多方的色彩都混入同一的有彩色或无彩色, 使这些色彩的倾向都向混入的色彩靠拢。

②点缀同一色彩调和: 在对比的双方或多方的色彩上分别点缀同一种色彩, 或对比的双方相互点缀对方的色彩, 使它们间的强烈对抗趋向缓和 。

③互混调和: 强烈对比的双方分别混入对方的色彩, 使色彩的倾向分别向对方靠拢。混和的量应注意把握, 尤其是互补色, 混合不当会有灰、脏等表现。

(二)隔离调和

当画面中相邻的色彩对比过于微弱、平淡, 显得含糊不清, 或对比过于强烈、显得对立冲突时, 我们可以在色彩间用另一色进行隔离, 使混沌的色彩关系明朗化, 使刺激的色彩关系和谐化。这种调和色彩的方法就是隔离调和。

用于隔离的色彩要能使被隔离的色彩形成协调, 很多时候需采用黑、白、灰这些无彩色或金、银等金属色, 这些色和各种有彩色都可以调和。隔离色大都以色线形式出现,有时也可以用色面进行隔离,隔离线越粗或隔离面越大,则调和感越强(图3-55)。

例如,强对比的色彩搭配,加入黑色来隔离,可以使对比缓和;随着黑色面积扩大,画面对比会更沉稳。

图 3-55 ◆ 隔离调和

(三)秩序调和

秩序,是具有规律性的循环反复、层层渐进的节奏韵律。

在色彩关系的处理中,把不同明度、色相、纯度的色彩组织起来,形成渐变的或有节奏的、有韵律的色彩效果,使原来对比过分强烈刺激的色彩关系柔和起来,使本来杂乱无章的色彩因此有条理、有秩序,从而和谐统一起来的方法就称为秩序调和。

秩序调和指在对比的色彩之间加入等差、渐变等有秩序、有规律的色阶变化以缓和矛盾。当色相、明度、纯度按一定级差递增或递减时,所产生的变化便具有秩序美。秩序调和有色相秩序调和、明度秩序调和、纯度秩序调和等(图3-56、图3-57)。

图 3-56 ◆ 色相秩序调和　　　　　图 3-57 ◆ 明度秩序调和

图 3-56 中建筑的窗户在夕阳的反射下，形成了从绿色推移到黄色再到橙色的色相秩序调和，天空也在阳光的折射下形成从粉紫色推移到蓝色的渐变。

图 3-57 中着色后的人行楼梯，形成了绿色由深至浅的明度调和。

✎ 任务实训

以"少数民族织物纹样"为主题（图 3-58），运用色彩的调和进行创作练习（图 3-59、图 3-60）。构图自定，要求画面主题明确，绘制精细，画面干净整洁，视觉效果丰富。

▌教学互动

民族的就是世界的。同学们要认真查阅资料，了解我国少数民族灿烂的文化，并从中汲取艺术养分，完成任务实训。

图 3-58 ◆ 广西壮锦纹样

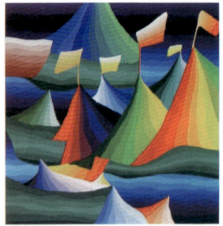

图 3-59 ◆ 色彩秩序调和作品　　　　图 3-60 ◆ 色彩隔离调和作品

立体构成

🔘 知识目标

清楚立体构成的定义和应用，掌握点、线、面、体在三维空间构成中的原理和法则。

🔶 能力目标

掌握点材、线材、面材、体材构成的运用技巧，掌握二维到三维的空间构成转换方法。

🔶 素质目标

提高空间想象能力和创意造型素养。

任务一　立体构成概述

▋ 任务目标

了解立体构成的基本概念，熟悉立体构成在建筑室内设计中的应用；
通过实地观察法、归纳总结法，将立体构成理论与实际相结合。

立体构成的原理

🏆 任务重难点

立体构成的概念和应用，立体构成在设计构成中的独特性。

一、立体构成的概念

立体构成是指从三维立体的角度研究物体形态变化以及空间关系的构成形式，是基于平面、色彩与空间形态的综合理解与应用。它以材料为载体，以视觉为基础，将多种形态要素按照一定的形式美法则进行研究、分解和组合，构成新的立体形态关系。

由于立体构成是在三维空间中，利用形式法则构造理想形体的组合形式，因此需要对面与体、虚与实、前与后、上与下等关系，以及空间的建立和流动，架构的组织和变化，色彩、肌理和体积的量感等因素的构成规律进行研究。

和平面构成不同，立体构成是具有长、宽、高三度空间的三维设计，是对形态和空间以及构成方法、法则的研究，更强调形态与材料、结构、工艺以及物质功能相结合的可能性，要求设计者具有三维空间意识和立体想象能力，所设计的立体形象具有上下、前后、左右六个方面。

立体构成是研究形态要素及构成原则的造型活动，是使创造思维得以拓展的一种训练方法。进行立体构成训练的目的有三个方面：一是培养立体感；二是以形式美感为审美基础，掌握构成的基本原则；三是学会运用构成的形式和技巧，以便运用到设计中去。

二、立体构成的研究对象

立体构成的重点在于研究形态、材料及空间三者之间的关系。

立体构成的形态包括具象形态和抽象形态，但无论何种形态，均由点、线、面、体等基本形态要素分解、组合构成。

立体构成的另一研究对象是制作造型的材料，材料的质感是立体构成相区别于平面构成的一个重要维度。如木材、纸材、塑料、绳索和钢材等，不同的材料具有不同的强度、重量、质感等特质，不同的特质也决定了不同的加工方法和手段。

立体构成是空间的艺术，空间既是指物理意义上的空间，也是指心理意义上的空间。

三、立体构成的设计应用

（一）立体构成在建筑设计中的应用

立体构成在建筑设计中的应用是最直接、最直观的。任何建筑本身就是一个放大的立体构成作品。建筑设计是对空间进行研究与运用的艺术形式，空间问题是建筑设计的本质。在空间的限定、分割、组合构成中，注入文化、环境、技术、材料以及功能等因素，能够产生不同的建筑设计风格和形式。在建筑设计中，立体构成的原理法则适用面极广。上海世博会的中国馆，就以极富中国文化特色的结构形式惊艳了世界。建筑外观以"东方之冠"为构思主题，居中升起、层叠出挑，成为凝聚中国元素、象征中国精神的雕塑感造型主体（图4-1）。

教学互动

上海世博会的中国馆惊艳了世界。除此之外，还有哪些国内建筑设计给你留下过深刻印象？请从民族文化与建筑设计融合角度谈谈你的看法。

图 4-1 ◆ 上海世博会中国馆

（二）立体构成在室内环境设计中的应用

立体构成重点研究的是空间立体造型的形成规律，是创造立体和空间形态的一种造型活动。而室内环境设计是利用物质技术手段，对建筑内部环境进行再创造的一种环境空间设计。室内环境造型的立体构成形态要素设计，是环境中各种形状、轮廓的特征，由内在结构、外在结构、材质肌理与质感等形成的综合构成（图4-2）。

图 4-2 ◆ 古根海姆博物馆

✍ 任务实训

1. 谈一谈立体构成和平面构成的区别和联系。

2. 立体构成在建筑室内设计中有哪些应用？请结合生活实际谈一谈。

任务二 立体构成形式

▤ 任务目标

理解常见的立体构成形式，辨析点、线、面、体的不同的构成方法；

运用点、线、面、体等相关立体构成方法，进行形体造型的训练；

培养对三维空间和立体造型的感受力和创造力。

🏆 任务重难点

各种立体构成形式的概念和表现方法。

一、半立体构成

（一）半立体构成的概念

半立体构成，是在平面材料上进行立体化加工，使平面材料在视觉和触觉上有立体感，但又没有创造性物理空间的构成形式。半立体构成是将平面材料转化为立体形态的最基本的构成训练。半立体构成的主要材料有纸张、塑料板、有机玻璃、木板、泡沫板和石膏等。

> **📖 教学互动**
>
> 艺术是否应该不拘泥于任何形式？结合立体构成形式的知识，谈谈你对艺术与形式之间辩证关系的理解。

将面材（如纸张）由平面转变为立体，有赖于空间深度的增加，而折叠、弯曲及切割都可以增加空间深度。所以半立体的主要构成方法是折叠（直线折叠、曲线折叠）、弯曲（扭曲、卷曲、螺旋曲）、切割（挖切、直线切割、曲线切割）等。

（二）半立体构成的方法

1. 不切多折

在一张卡纸上，用铅笔将设计图画在上面，再用美工刀划线。注意不要划透纸背，再按线痕折纸，呈现出半立体效果（图4-3）。

2. 一切多折

在给定的条件下，进行线性、尺度、方向等方面有计划的变化。在一张卡纸上，做中心平行的边或对角显示切线，依线痕折出凹凸变化。通过此练习可以进一步理解线的特征，在操作的过程中可以考虑纸张的一侧、两侧、折边、折角，可以突破纸边，也可以上下不对称（图4-4）。

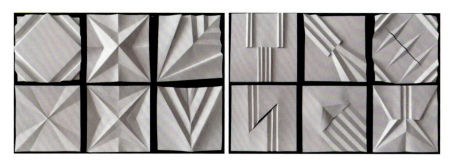

图4-3 ◆ 不切多折　　　　　　　　　　图4-4 ◆ 一切多折

3. 多切多折

二切多折、三切多折、四切多折都属于多切多折，其练习与一切多折相似，只要改变构成要素就可以有变化无穷的效果。在一张卡纸上，根据构图进行自由切割，再通过折曲、压曲、弯曲等不同处理，构成半立体造型。此练习可根据平面构成的渐变、发射、对比、特异等手法组织画面，同时切折后应体现出进深感（图4-5）。

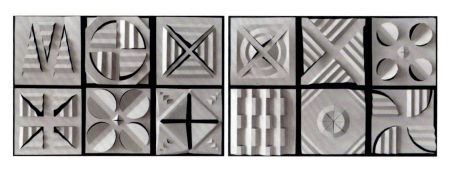

图4-5 ◆ 多切多折

半立体构成的形式常被用于建筑室内设计中，尤其是在室内空间界面的装饰上应用最为广泛。

图 4-6 ◆室内空间界面半立体构成装饰

✍ 任务实训

设计并制作半立体构成作品。排版自定，材料自选，要求能够表达设计者内心的情绪、体验和感受。

二、点立体构成

（一）点立体构成的概念

点是形态要素之一，是构成线、面、体的基础，是形态要素中最小的形态。点立体是以点的形态在空间产生的视觉凝聚的形体，它具有很强的视觉引导和聚焦作用，富有玲珑、活泼的独特效果，常用来表现强调和节奏（图 4-7）。

纯粹以点构成的作品较少，因为点的形态大小、组构造型的表现力较弱，而且点必须借助于支撑物，如硬质材料的支撑或软质材料的悬挂。

（二）点立体构成的方法

1. 点排列成线

这一形式是利用点元素在同一时间轴或空间轴上的连续运动，形成线性空间的物理特性。点排列成线可以随着运动速度或感官速度的不同，产生均匀或变化的感觉。

图 4-7 ◆ 空间中的点立体构成

同时根据不同点的大小疏密，还能营造出紧张的不可预测的视觉观感（图 4-8）。

2. 点发射成面

点具有极强的可塑性。利用点元素按照发散放射的骨架，可以形成形式多样的放射面。有时结合适当的色彩递进，还能形成意想不到的透视效果（图 4-9）。

3. 点堆积成体

立体构成具有极强的综合性，它可以包容多种形式的点、线、面。通过点立体构成的逐层展开，不同的递进速度和疏密关系，在空间架构上形成了一定的主次关系，同时利用点的明度和背景的衬托，点堆积成体的效果跃然眼前（图 4-10）。

图 4-8 ◆ 点排列成线 　　　　　　图 4-9 ◆ 点发射成面

图 4-10 ◆点堆积成体　　　　　　　　　图 4-11 ◆点立体构成的装饰效果

（二）点立体构成在建筑室内设计中的应用

立体构成中的点不仅有位置、方向和形状，而且有长度、宽度和厚度。在立体构成中，不可能存在真正几何学意义上的点，点只意味着一种相对的比较，是最小的视觉单位。点立体的构成，因点的大小、点的亮度和点之间的距离不同而产生多样性变化，产生不同的效果（图 4-11）。

✎ 任务实训

设计并制作点立体构成作品。须以点材为主要形体，材料自选，要求能够表达设计者内心的情绪、体验和感受。

三、线立体构成

（一）线立体构成的概念

立体构成中的线具有长短、粗细、疏密、方向和形状的变化。线与线之间还可以通过不同的组合形式，如垂直、交叉、回旋、框架、转体、扭结、缠绕和绳套等，产生丰富的形态。利用这些组合形式，可以创造出具有节奏和韵律的线立体构成作品。线可以形成骨架，成为结构体本身；也可以成为形体的轮廓，将形体与外界分离开来。线立体构成既要考虑结构，又要注意空间的深度感、方向感和韵律感。

（二）线立体构成的方法

1. 垒积构造

垒积构造就是将硬质线材按照一定的规律或排列方式层层堆积起来，对线材进行方向、粗细、曲直等形式变化，所形成的造型具有节奏感强、稳定性好、整体性强的特点（图 4-12）。

2. 连续构造

连续构造一般采用具有一定硬度和韧性的金属材料制作，通过自由的弯曲、穿插或连接，形成连续的空间形体（图 4-13）。

图 4-12 ◆ 垒积构造

图 4-13 ◆ 连续构造

3. 框架构成

框架作为形体力学支撑和空间限定而具有稳定的结构。将线材组合成框架形态，在水平或垂直层面进行秩序排列或交错垒积，所构成的框架结构造型能够产生极强的节奏和韵律感（图 4-14）。

4. 桁架构成

桁架是一种由线材两端用铰链连接组合起来的结构形式，多用在建筑、桥梁、体育馆等建筑中。桁架具有轻盈、整体、稳定、节约材料等特点，运用桁架构成能形成跨度较大的空间，构成轻盈而又稳定结实的空间结构（图 4-15）。

图 4-14 ◆框架构成   图 4-15 ◆桁架构成

（三）线立体构成在建筑室内设计中的应用

线的造型使建筑显得利落、干净，充满现代气息。线立体构成存在于任何造型设计中，线的特征造就了线区别于其他造型元素的艺术形态。线条也是空间视觉美学中的重要元素，任何具象的图形都可以被简化概括成几何形。线条的重叠交错形成巧妙的几何图形。在建筑装饰中，运用几何形体的构建来修饰空间，采用不同的线条架构出图形，能够带给空间不同的个性，强化空间感（图 4-16）。

图 4-16 ◆室内设计中的线立体构成

✎ 任务实训

分别以硬线和软线为造型要素，设计一组线立体构成作品。题材不限，要求充分发挥线的表现能力，挖掘不同材质的特点；要充分体现形式美感、节奏感、力量感。

四、面立体构成

（一）面立体构成的概念

立体构成中的面具有长度、宽度、色彩、肌理、形状和质感变化，具有明显的二维特征。在立体构成作品中，面的组合形式主要有弧面弯曲、平面与曲面交错、多种形态的面混合等。面形态因视觉角度的转换会呈现出线或体的特点：面的侧面切口具有线的延伸感，正面又具有体的厚实感。

（二）面立体构成的方法

1. 层面构成

将形体层层分割而成切片，再对分割后的层面进行排列构成，这种构成方法称为层面构成（图4-17）。它是指若干面材在同一个维度上进行各种有秩序的连续排列。基本形可以是直面，也可以是弯曲面或曲折面。被分割体及分割方法的不同，会产生不同的层面形态。

面本身比较薄，对空间的占用比较少，体量感比较弱。然而，层面构成可以通过较多面材的有秩序排列，利用面材重叠的间距和空间的可变性，构成具有一定体量感的新形态。层面构成需要考虑三个方面：一是改变面材的基本形，如直面、弯曲面、曲折面及面的不同形状，使层面的构成更加丰富；二是改变面材的排列间距，使空间设计形成变化；三是运用重复、渐变、发射等形式排列面材。

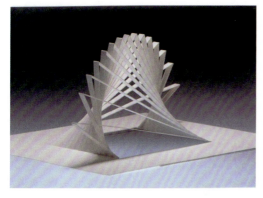
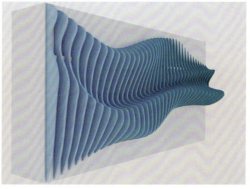

图4-17 ◆层面构成

2. 曲面构成

自然界中海螺、贝壳、花生等物体，以简洁、轻巧的曲面外壳保护自己。这些曲面外壳的构造合理且简单，都以较少量的材料构成，并且展示了非常优美的造型。

曲面构成是通过简练、轻巧的曲面来组合立体形态的构成方法。相对于平整的面，曲面更具有承受外力的能力。由于曲面造型优美、形态有机、构造简单、节省材料，因此许多设计师都将其应用于建筑设计，尤其是大型的公共建筑中（图4-18）。

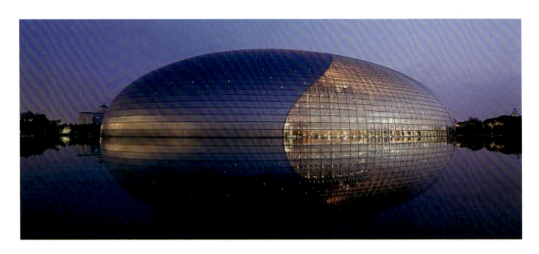

图4-18 ◆曲面构成建筑（国家大剧院）

3. 插接构成

插接构成是将面材裁出缝隙，然后相互插接，形成较稳定的立体构造的构成方法。主要是靠摩擦力来维持形态，适用于较厚的面材。形式有单元形插接与自由形插接。

①单元形插接：常用的单元形有正方形、圆形、三角形、六边形等几何形，插接缝的长度一般是中心点到边线或到顶角的二分之一。单元形的多样组合会产生紧凑、活泼的效果（图4-19）。

图4-19 ◆单元形插接

②自由形插接：用两个或两个以上的自由形进行插接，在考虑造型的同时还要考虑插接的位置，表现出简洁、轻快、现代的感觉（图4-20）。

图4-20 ◆ 自由形插接

（三）面立体构成在建筑室内设计中的应用

面材是极富表现力的材料形态，介于线材与块材之间，种类较多。在建筑室内设计中，通过面材的堆积重叠，可以得到具有一定体量感的体块；运用渐变、重复、发射等形式排列面材，可以产生丰富的效果；使用曲面来构成外立面，可以起到柔化造型、节省材料的作用。

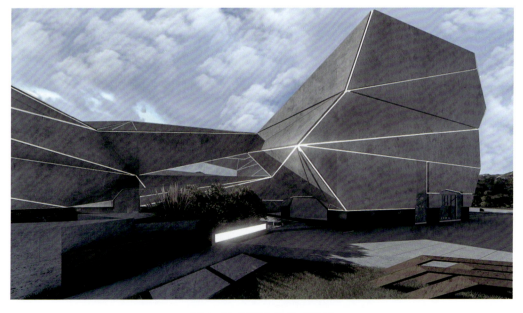

图4-21 ◆ 面立体构成建筑

✍ **任务实训**

创作一件表达自身情感或具有一定创意的面立体构成作品。主题不限，要求主旨明确，创意新颖，做工精细美观。

五、体块立体构成

（一）体块立体构成的概念

立体构成中的体块由点、线、面排列组合而成，有规则体和不规则体之分。规则体如正方体、锥体、柱体和球体等具有稳重、端庄的视觉特征；自然界中的不规 则体则给人亲切、自然、温馨的感觉。

体块可以由一个独立的、造型简单的单体构成，如多面体；也可以由多个同质或异质的单体以一定的形式组织为一个造型复杂的空间立体形态，如形体切割与组合、单体积聚。

（二）体块立体构成的方法

体块构成通常采用切割变形以及积聚的方式，将块材切割或变形成理想的形体，再通过错位重组或结合积聚的方式形成立体形态。

1. 切割变形法

切割变形法就是根据美学原则对较为整体的块材进行分割、切挖，使得体块形象具有丰富空间变化。如 2010 年世博会中国馆，被公认为是当时最有国家特色的场馆设计。中国馆被称为"东方之冠"，居中升起、层叠出挑，合理运用切割变形的手法，成为凝聚中国元素、象征中国精神的雕塑感造型主体（图 4-22）。

2. 积聚构成法

积聚构成法就是将若干的体块组合起来，首先设计好基本的体块单位形象，再将 单位形象进行组合。可以是同一种单位形体的组合，也可以是不同的单位形体的组合。体块的积聚要注意形体之间的贯穿连接，结构要紧凑、整体而富于变化，要注意发挥各种构成因素的潜能，组成既有运动韵味、空间变化丰富，又协调统一的立体形态（图 4-23）。

图 4-22 ◆ 公共建筑中的切割设计　　　　图 4-23 ◆ 体块积聚构成建筑

（三）体块立体构成在建筑室内设计中的应用

体块构成是以块材作为基本形体的构成，它是具有长、宽、高三维的立体实体，能最有效地表现空间立体的造型。体块构成的实用性非常强，在建筑设计、室内设计、城市雕塑、建筑模型等领域中运用十分广泛。

图 4-24 ◆ 体块构成在建筑室内设计中的应用

✒ 任务实训

以块材为元素设计体块立体构成作品。要求构思新颖、形态优美、形式多样；选择能表现设计主题的、易于加工制作的材料，如泡沫、PVC 板、木块、石块。

中 编 创意构成 创新趋势

建筑表皮创新

模数化背景下的
建筑表皮设计

▣ 知识目标

掌握建筑表皮的基本概念，了解不同建筑表皮类型的差异化特点。

◆ 能力目标

能够运用建筑表皮设计的相关原理，在建筑室内设计的实践中进行创意构成。

◆ 素质目标

养成关注设计前沿理论的学习习惯，培养创新设计思维。

任务一　建筑表皮的概念

▤ 任务目标

掌握建筑表皮的基本定义；

在搜集与欣赏案例的过程中加深对建筑表皮的认识。

♛ 任务重难点

建筑表皮的基本概念和基础特性；建筑表皮与建筑主体结构之间的关系。

一、建筑表皮的定义

建筑表皮是建筑理论范畴的概念，其英文为 surface of architecture 或 skin of architecture。一般来说，surface 所指较广，可以泛指一切形式的建筑表面的形态；而 skin 更强调建筑表皮的功能性和相对独立性，表皮与建筑主体结构脱离。由于"surface"这一概念在很大程度上包含"skin"的基本含义，因此本书所指"建筑表皮"对应英文中的"surface of architecture"，指的是建筑和建筑的外部空间直接接触的界面，以及其展现出来的形象和构成的方式，即建筑内外空间界面处的构件及其组合方式。

一般情况下，建筑表皮的所指包括除屋顶外建筑所有外围护部分。在某些特定情况下，如特定几何形体造型的建筑屋顶与墙体表现出很强的连续性并难以区分，或为了特定建筑观察角度的需要将屋顶作为建筑的"第五立面"来处理时，也可以将屋顶作为建筑表皮的组成部分。对于以柱廊为代表的灰空间的建筑界面，建筑表皮这个概念有两个层次的意义：作为界定空间的要素来看，应当将其整体认为是外部空间和半室外的灰空间之间的建筑界面，也就是说，应将其整体作为建筑表皮来研究；而针对组成柱廊的单独的构件来说，其构件本身的外表面也属于建筑表皮研究的范畴。

▮ 教学互动

"皮之不存毛将焉附。"建筑表皮不是简单地覆盖于建筑主体的存在，而是具有自身的特点、功能和艺术价值。但是同学们在学习本任务时，切勿将建筑表皮与建筑主体割裂开来。

二、建筑表皮的案例

建筑表皮的案例如图 5-1 ~ 图 5-3 所示。

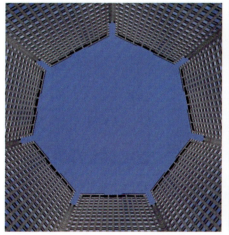

图 5-1 ◆ 建筑表皮案例（1）

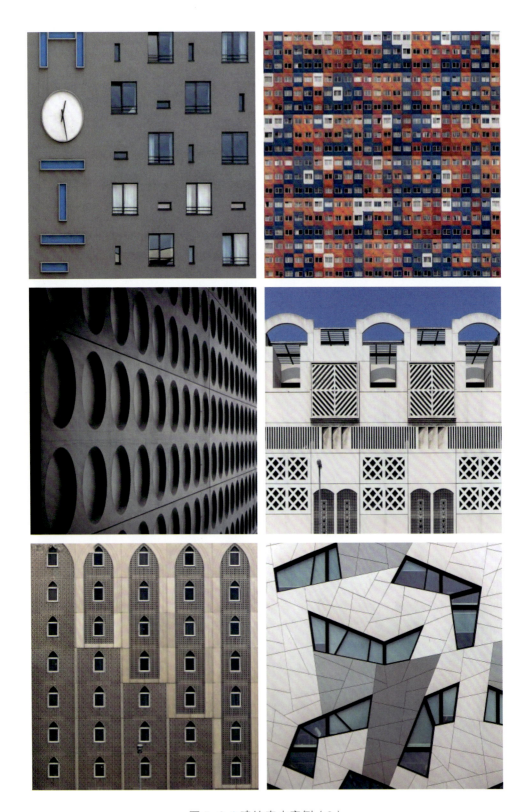

图 5-2 ◆ 建筑表皮案例（2）

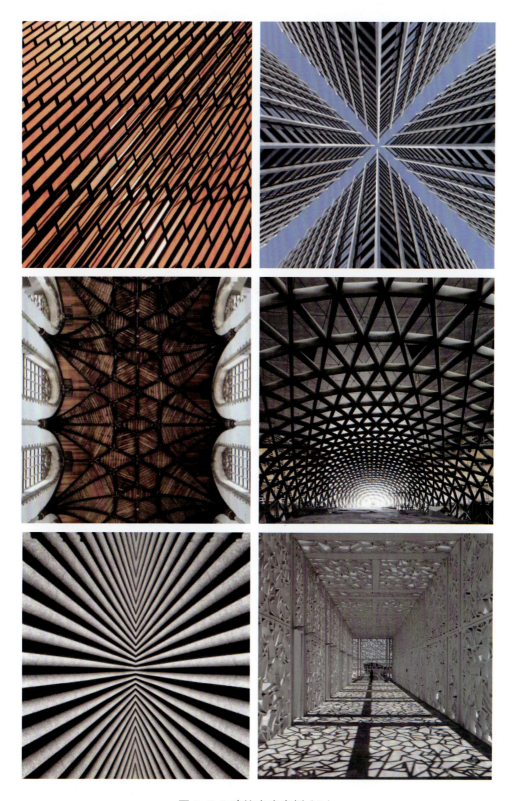

图 5-3 ◆ 建筑表皮案例（3）

✍ 任务实训

以学习小组为单位，搜集整理建筑表皮概念相关的图文资料，结合实际案例，撰写学习报告，并在课堂上进行分享。

◀任务二▶ 建筑表皮的类型

▣ 任务目标

了解建筑表皮的分类依据、分类特点；
通过案例学习体会不同类型建筑表皮的作用；
体会创意在表皮设计中的重要性。

建筑表皮的分类

🏆 任务重难点

建筑表皮分类的理论依据；结合建筑主体实际选择相应的建筑表皮类型的方法。

随着现代科学与建造技术的不断发展，建筑表皮的表现手法以及外在特征也随着时代潮流不断变化。建筑表皮具有多种设计角度和技术运用，呈现出独特的设计与实施效果，在材质质感、构成表达、融合信息技术以及生态设计理念等多方面展现出极大的活力与生机。结合当下建筑表皮的设计实践，可将建筑表皮分为节能表皮、轻表皮、重表皮、透明表皮、仿生表皮等类型。

一、节能表皮

针对全球变暖的大趋势，各个国家在节能环保以及降低能耗上都投入了大量的技术与物质资源。而建筑表皮作为建筑的"外衣"，发挥着连接交互建筑内、外环境的桥梁枢纽作用。节能表皮就是将建筑表皮的设计与节能环保相结合，在满足美观与功能需求的同时，创造出使"人""建筑""环境"三者和谐统一的表皮设计。

节能表皮

目前国内外关于建筑表皮的节能化设计主要集中以下方面：光能的隔离与控制、声学系数的吸收与降低环境噪音影响、热能辐射与建筑内外形成和谐共生关系、生态能源以建筑表皮为媒介转化为清洁能源。

案例一：新丽华总部大楼

新丽华总部大楼位于南京，其高度、容积率等因素都对建筑外观的设计提出了要求。南京气候四季分明、夏热冬冷，外部热环境条件较为苛刻，因此建筑在外观表皮设计上采取了节能表皮的技术形式（图 5-4）。

图 5-4 ◆ 新丽华总部大楼

建筑立面造型简洁而现代，形体上内部挑空，削弱了建筑的冗重感。建筑外观表皮主要选用了通透、环保的双层玻璃幕墙，最大化利用自然采光，体现了绿色节能的设计理念。全覆盖的玻璃立面，在晴天时可以过滤强烈的紫外线，在阴雨天时又可以最大限度将自然光源引进室内。此外，建筑外立面各个朝向的窗口可以根据环境温度的变化智能开启或关闭，真正做到了充分利用环境而不是抵抗环境。

大楼表皮采用的是呼吸式双层玻璃构架，内层采用 Low-E 中空玻璃。Low-E 中空玻璃的性能特点是具有极高的采光通透率和红外线反射率，使得建筑在白天可以阻隔外部热量进入室内，而在夜晚可以防止室内热量的流失。

▌教学互动

所有建筑表皮类型的实现都离不开技术层面的支持。随着技术水平以及设计理念的不断更新，未来还会诞生更多建筑表皮类型。同学们在学习艺术理论的同时也要加强科学技术的学习，做新时代"理实一体"的优秀大学生。

案例二：天津西站

天津西站是天津市的地标建筑、天津市规模最大的铁路车站、京沪高速铁路的重要枢纽，曾荣获"国家优质工程奖"。主站房的屋面为高57米、长400米的拱形屋顶，为白色钢框架玻璃幕墙结构，日光通过其菱形网格射入室内，也属于节能表皮的应用（图5-5）。

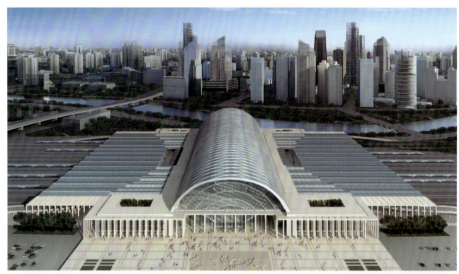

图 5-5 ◆ 天津西站

屋面上方玻璃做了防辐射处理，可过滤部分从顶部直射进来的阳光；下方的玻璃趋近透明，更多引入来自建筑侧面的漫反射光线，保证采光充足的同时有效降低照明能耗。面向广场的半圆形空间向前倾斜、充满动势、具有韵律感，表面肌理的处理显得丰富而细腻，白色的编织网状屋顶钢结构显示了高超的建造技术。

二、轻表皮

建筑轻表皮，指的是利用膜、玻璃、木材、铝合金等低密度材料构建的建筑外观造型。这种立面表皮，常与主体结构分离，作为独立的表皮结构存在。其装饰作用和功能性都较为明显，最大的特点是技术性较强。

轻表皮与重表皮

案例一：三亚海棠湾红树林酒店

三亚海棠湾红树林酒店外立面是典型的建筑轻表皮设计（图5-6）。三亚海棠湾区域的地貌主要是沙丘、海洋、内湖。受风浪及侵蚀影响，海岸区域具有较高的气候敏感性。建筑设计则力图反映酒店的地域特点，该建筑的设计师说："我们希望这座建筑是属于海棠湾的，属于这里独特的气候和地形环境。它在此生长，与海洋共同呼吸。"

图5-6 ◆ 三亚海棠湾红树林酒店

建筑的表皮设计并没有独立于建筑内部结构之外（图5-7）。客房阳台的起伏肌理与远处的海面呼应，玻璃材质幕墙具有透明与曲线特性，建筑表皮整体轻盈飘逸。建筑形体的外弧面朝向大海,在减少风力对结构冲击的同时,最大程度保证海景客房的观景面宽;建筑的内弧面则环抱酒店的西侧入口庭院,形成空间上"宾至如归"的亲切感。建筑的平面从地面向上层层外展,在17层的位置达到极值,上层的平面再渐渐收缩,为高区的客房提供了宽阔的观景露台。弧形的露台层叠展开,表现出沙丘和梯田等自然意象。

图 5-7 ◆ 三亚海棠湾红树林酒店局部

案例二:苏州礼堂

苏州礼堂位于阳澄湖边,作为苏州东部区域全新的度假性质的公共建筑,独特的建筑主体以及外观轻表皮设计使其成为了苏州又一个新地标(图5-8)。该建筑设计新颖,在园区各个位置都能看到其醒目的造型。建筑设计采用了"重复"的线构成手法,通过传统砖墙结构的精细分割,营造出不同高度落差的层次感,让游人驻足之余不禁进去一探究竟。

图 5-8 ◆ 苏州礼堂

建筑主体以白色为主色调，并分为内外两层。内层是一个简单的"盒子"，四面都有着不规则的开窗（图5-9）；外层则是一个开孔的折叠金属板表皮，犹如一层"面纱"。白天，白色盒子在阳光的浸浴下发出柔光，在面纱的笼罩下隐现出轮廓。晚上，白色盒子变成了一座如明珠般闪烁的灯塔，光经过窗透散出来，向礼堂周围散发出柔和的光晕，营造出一种轻盈梦幻的艺术氛围。

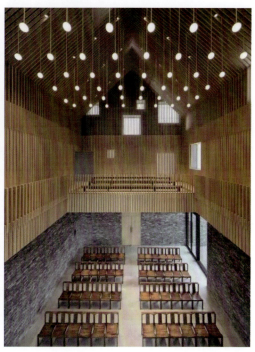

图 5-9 ◆ 苏州礼堂内部

三、重表皮

建筑表皮的轻重，并不以材质重量为唯一的尺度和衡量标准。建筑表皮的轻重往往还受到环境对比、视觉感官以及色彩情绪等因素的影响。建筑重表皮通过特殊的工艺处理或质感传递，给人以厚重、坚固的设计观感。

案例：武汉汉街万达广场

武汉是华中地区重要的经济文化中心，武汉汉街万达广场位于城市的核心地带楚河汉街。除了其商业层面的影响之外，建筑本身独特的设计理念也成为了人们驻足欣赏的原因。该建筑设计追求流动的线条，使之贯穿于整个建筑外观；通过点与线的构成，辅以现代数字技术，营造出现代、时尚、潮流的氛围。

图 5-10 ◆武汉汉街万达广场

项目外立面运用高分子材料，侧重于实现动态效果，运用了抛光不锈钢和雪花石这两种材料的组合，制成 9 种不同的标准球体。球体的造型从完美球体向被削去一部分的球体造型过渡，球体的半径为 600 毫米，固定在丝铝面板之上。

金属材质作为建筑表皮的主体，给人以厚重的质感，同时又利用现代声光技术，调和了这种厚重感，极具现代感和潮流感。建筑表皮的发光原理是使用了前后光源，后光源从球体后侧照亮基座产生漫反射照明，在夜晚可呈现变幻无穷的灯光色彩效果。

四、透明表皮

随着建筑材料研发技术的不断提高，近年来建筑材料在透明化、科技化以及高强度等方面都有了长足的进步。除了传统的玻璃材质，更多无机非金属材料的引入也为透明化表皮提供了新的材料基础。建筑表皮的透明化设计，有助于形成建筑内外结构的贯穿纽带。通过建筑表皮的透明化设计手法，能够使建筑内部装饰与建筑外部环境形成统一，有利于设计师进一步表达设计理念。

案例：国家游泳中心"水立方"

国家游泳中心"水立方"是 2008 年北京奥运会游泳类项目的举办场馆，也是 2008 年北京奥运会标志性建筑物之一（图 5-11）。该建筑最引人注目的无疑是其外观形如水珠的透明设计，整体建筑由 3000 多个气枕组成，气枕大小不一形状各异，覆盖面积达 10 万平方米，是世界上最大的膜结构工程。除了地面之外，外表都采用了膜结构，材料为世界上最先进的环保节能 ETFE（四氟乙烯）膜材料。

图 5-11 ◆ 国家游泳中心"水立方"

该建筑的设计灵感源自"水"这一元素，将自然透明的水元素与建筑主题相呼应，设计新颖，别出心裁。看似简单的"长方体"却蕴含了中国传统文化与现代技术的相互成就。透明轻质的外观设计，给人以灵动、活泼的观感，与紧邻不远的国家体育场"鸟巢"首尾呼应，体现了"天圆地方"的哲学理念。

五、仿生表皮

建筑设计的初衷与目的是追求建筑与环境的互融共生，形成"人""建筑""环境"的和谐统一。在自然界中，除人类以外的生物经过不断的自然进化，已经形成了极具竞争优势且能够融入自然环境、促进自身进化的外形与生理特点。仿造生物生理结构、借鉴生物生理进化特点的设计尝试，也为建筑表皮的设计提供了启发，仿生表皮的设计手法便应运而生。

案例一：国家体育场"鸟巢"

国家体育场"鸟巢"是 2008 年北京奥运会主体育场，也是北京奥林匹克公园内的标志性建筑（图 5-12）。该建筑为世界上跨度最大的钢结构建筑，主体钢结构形成整体的巨型空间马鞍形钢桁架编织式"鸟巢"结构，总用钢量为 4.2 万吨。

图 5-12 ◆ 国家体育场"鸟巢"

钢结构与混凝土看台上部完全脱开，互不相连，形式上呈相互围合，基础则坐在一个相连的基础底板上，屋顶钢结构上覆盖了双层膜结构。外观设计自然呈现出未完全封闭的鸟巢形状，既能使空气自然流通，又能为观众和运动员遮风挡雨，充分体现了以人为本的思想（图 5-13）。

该建筑设计理念新颖，建筑与结构浑然一体，具有很强的空间震撼力和视觉冲击力。采用了先进的设计方法、建造技术与节能环保措施，获得全国优秀工程设计金奖、国家科技进步二等奖。

图 5-13 ◆ 国家体育场 "鸟巢" 顶面

案例二：台北 101 大厦

台北 101 大厦是中国台湾第一高楼，楼高 509.2 米，因地上有 101 层而得名（图 5-14）。曾经为世界第一高楼，目前为世界第十一高楼。该建筑采用了后现代主义建筑风格，在使用工业材料和现代结构的同时体现了传统的亚洲美学（图 5-15）。其建筑设计中采用的钢筋巨柱、巨型阻尼器和锯齿状外形，使该结构能够抵御地震和热带气旋气候。

图 5-14 ◆ 台北 101 大厦

图 5-15 ◆ 台北 101 大厦内部

　　建筑表皮的设计灵感源于竹子，整体造型宛如劲竹，象征节节高升、生生不息、游刃有余。每个竹节的最高楼层皆为机房层。该建筑2011年在美国绿色建筑委员会"既有建筑之营运与维护"（LEED EBOM）项目的评比上取得白金级认证，因而成为当前世界上最高、最大的"绿建筑"。

📝 任务实训

　　选取 1~2 个建筑表皮类型，采用硬纸板、亚克力、卡纸、笔、小刀、剪刀、直尺、圆规、双面胶等工具，手工制作建筑表皮作品，并撰写设计说明，着重介绍设计特点、设计思路及设计意图（图 5-16）。

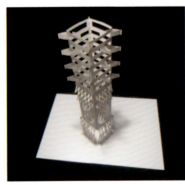
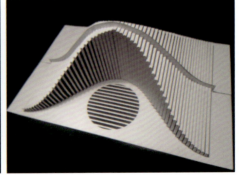

图 5-16 ◆ 手工建筑表皮设计作品

任务三　建筑表皮的轻量化趋势

📑 任务目标

了解并掌握建筑表皮设计的轻量化趋势；
通过案例掌握轻量化表皮的处理方法；
养成关注设计前沿趋势的学习习惯。

🏆 任务重难点

轻量化建筑表皮设计的要点及实际运用。

作为建筑的"外衣"，建筑表皮在表达设计师设计意图的同时也需要为建筑"减负"。尤其是在当下材料科学与信息技术高速发展的时代，建筑表皮无论从自重系数还是感官视觉上都逐渐向着轻量透明化发展。

一、用透明材料给不透明材料做罩层

利用独特的木质表皮作为内衬，外部表皮则是一层玻璃壳体，两种材料之间形成的空间用于多媒体的装置。窗户的分布可以反映室内的活动情况，上层的展示厅拥有可控灯光，巨大的开口则使室内的工作区沐浴在自然阳光之中（图5-17）。

图 5-17 ◆ Quartier Des Spectacles 旗舰大楼

📖 教学互动

艺术设计类似艺术的科学实验。不同材料组合后产生的良好效果，是设计师无数次实验的结果。你觉得还有哪些材料可以在建筑表皮轻量化设计中进行组合？请根据主客观条件做做"实验"吧。

建筑是凝固的艺术，而玻璃与钢筋混凝土的结合，则能够给建筑平添一份轻柔。高分子特性玻璃覆盖建筑外立面，透明轻盈的玻璃与刚硬结实的钢结构形成对比，能够弱化现代建筑的生硬感（图5-18）。

图 5-18 ◆玻璃与钢结构建筑表皮设计

二、把透明材料处理成半透明效果

利用玻璃的延展性，通过厚度变化营造出建筑表皮的曲面效果。玻璃表皮是在整体平板上，由向建筑外侧弯曲的凸板和向内侧弯曲的凹板组合而成。在光影折射下，外部空间将产生一种奇异变幻的视觉效果。凸的、凹的、平的玻璃经过各种组合，装饰在建筑物的外表面上（图5-19）。

图 5-19 ◆东京 Prada 旗舰店

三、对材料进行镂空或雕刻处理

现代建筑多为简单的直角矩形"方块",对建筑表皮采用镂空设计可以很好地中和建筑本身的生硬感,赋予建筑崭新的气质。

上音歌剧院坐落于上海音乐学院东北角,系国内首个采用整体隔振技术建造的全浮结构歌剧院(图 5-20)。建筑立面材料为超高性能混凝土(UHPC)镂空挂板,色调和尺度与周围历史街区建筑呼应。光线通过镂空墙面与玻璃幕墙,在室内产生透明与不透明的过渡,营造出不同的空间效果,给人以自由清爽之感。

温州深海黑珍珠餐厅坐落于温州瓯江江畔,位于瓯江路新建筑与景观带之中(图 5-21)。其设计灵感来源于瓯江自然的水纹与起伏的山峦,集建筑、景观、交通功能于一体。流线的造型与灵动的景观结合,使建筑宛如水晶盒漂浮于瓯江之上。

图 5-20 ◆ 上音歌剧院　　　　　图 5-21 ◆ 温州深海黑珍珠餐厅

✍ 任务实训

搜集整理关于建筑表皮轻量化趋势的图文资料,辅以设计案例分析,并撰写调研报告。同时,就"建筑表皮未来设计趋势"这一话题展开课堂讨论。

建筑光影创新

▣ 知识目标

学习掌握建筑光影的基本概念，理解光影中点、线、面元素的形成原理与设计特点。

◆ 能力目标

能够运用建筑光影的相关原理，进行点、线、面元素的建筑光影设计。

◆ 素质目标

学会运用"虚实结合"的视角看待建筑光影所蕴含的构成知识。

　　光影是建筑的一个基本构成要素。光沿着直线传播，遇到障碍物时就会形成影。设计师通过合理的手段，便可以打造光影的变化，达到建筑设计的光影效果。建筑光影中的光不仅是指白光，还包括各种光色的搭配。建筑光影的设计，有助于提高平面施工水平，保证结构的实用效果。设计师结合建设项目的具体需要，进行光影变化的设计，体现出较强的效率性和经济性。

　　设计类专业学生在学习构成理论的同时，要学会将形态构成的设计元素转化为设计作品的灵感与素材来源。以"点、线、面"基本元素为构思起点，综合运用自然光影条件及人工光影条件（图6-1）。

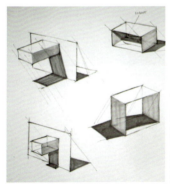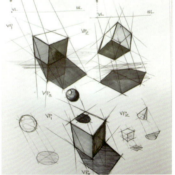

图 6-1 ◆ 建筑光影模拟手绘

任务一　建筑光影的点元素

📑 任务目标

了解并掌握建筑光影中点元素的概念和美学效果；

通过案例分析法、实地观察法学习点状光影的运用；

能够进行知识迁移，灵活运用平面构成要素的相关知识。

光影与点

🏆 任务重难点

建筑点状光影设计的要点及实际运用。

一、点状光影的含义

点是视觉设计语言的基本要素，点状光影是所有建筑光影形式的基础。从符号学的角度来看，点是"原元素"；从几何学的角度来说，点具有独立的位置，并且没有形状或面积量的变化。因而，建筑光影中的点没有长度、宽度或深度，具有静态、集中、无方向的特点。点状光影虽然大小是相对的，但却是能够被捕捉的。

> **📖 教学互动**
>
> 在"创意构成基础原理"部分，我们已经学习了点元素的相关知识。实体的点与光影的点有哪些不同呢？谈谈你对"虚"与"实"辩证关系的理解。

二、点状光影的运用

在室内空间中，较小形状的事物可以视作点要素。由于点具有形状小、灵活度高、集中且具有凝聚力的特点，因此它能够用来标记位置，实现突出重点、丰富空间的美学效果，并引导人们的视线。

建筑光影中的点元素也有类似的特征（图 6-2、图 6-3）。如落在阴影表面上的光斑，尽管光斑相对较小，但是由于与背景形成的明显反差，能够构成奇特的光影形象，进而产生美妙的视觉效果，在空间中起到画龙点睛的作用。又如外墙设计采用玻璃镶嵌的墙板，玻璃随机排列，将柔和的光线引入室内，光线跟随玻璃的数量和面向外墙的方位而不断变化，从而在连续不断的空间中创造出独特的景象，通过光影引导人们的视线。

图 6-2 ◆ 建筑光影的点元素（1）

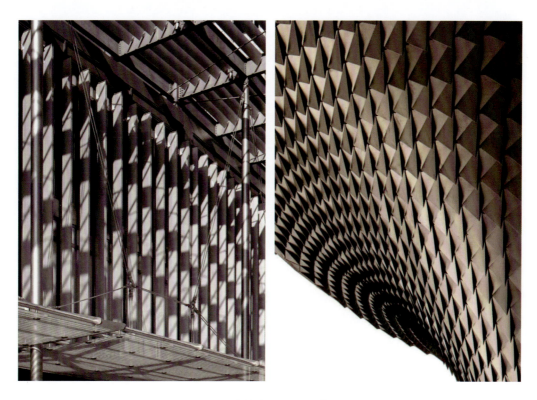

图 6-3 ◆ 建筑光影的点元素（2）

✎ 任务实训

搜集整理关于点状建筑光影设计的图文资料，并撰写调研报告，辅以设计案例分析。同时，就"建筑光影点元素的未来设计趋势"这一话题展开课堂讨论。

任务二 建筑光影的线元素

⊟ 任务目标

了解并掌握建筑光影中线元素的概念和美学效果；

通过案例分析法、实地观察法学习线状光影的运用；

能够进行知识迁移，灵活运用平面构成要素的相关知识。

🏆 任务重难点

建筑线状光影设计的要点及实际运用。

一、线状光影的含义

线也是建筑光影视觉语言的一个基本要素，通过点状光影的延伸就可以构成线状光影。在二维空间中，线能够表示面的边界；在三维空间中，线既能够表现形体的外轮廓，也可以表示其内部结构。因此，一条线既可以看作是移动的点留下的轨迹，也可以看作面的边缘或是体之间的交汇处。建筑光影中的线元素有其独特的美学效果，不同形式的线具有不同的感性特征。例如，竖线代表力量和果断，水平线代表平静和宽阔，斜线代表动势和活力，曲线代表柔美和温和。

> ### 📖 教学互动
>
> "水滴穿石，铁杵磨针。"无数的点成就了千变万化的线。同学们在学习中也要从点滴做起，凝心聚气，坚定理想信念，不要因一时之失败，产生自我怀疑的心理。

二、线状光影的运用

在室内空间中，线元素可用于闭合、连续或穿插其他可见的形状元素，表示物体轮廓和对象形状，表达物体表面的特殊纹理或材质的质感。在光线的照射下，建筑空间中一排排柱子、遮光百叶片、整齐的栏杆、精美的窗棂等阴影投射到不同的空间界面上，产生具有线性韵律感的"物影"。当建筑空间中的线状光影按一定秩序排列组合时，就会形成强烈而又有韵律的节奏（图6-4、图6-5）。

理查德·迈耶是运用光影与空间的建筑设计大师，他设计的建筑往往含有狭长的窗框、整齐的窗格，白色窗框和透明玻璃的组合使得阳光能够穿透建筑界面，照亮建筑空间的每一个角落。室外的直射光线被白色的窗框以及空间界面中的结构和构件遮挡，在白色墙面上留下一排排线状的物影。这些物影随着时间而变化，使空间显得生机勃勃、充满活力。光线形成的通道通常与建筑的采光与遮光形式有关，这些采光口将光线过滤到建筑内部，形成具有韵律节奏的空间视觉美学效果。

图 6-4 ◆ 建筑光影的线元素（1）

图 6-5 ◆ 建筑光影的线元素（2）

✍ 任务实训

搜集整理关于建筑线状光影设计的图文资料，并撰写调研报告，辅以设计案例分析。同时，就"建筑光影点与线元素的区别与联系"这一话题展开课堂讨论。

任务三　建筑光影的面元素

任务目标

了解并掌握建筑光影中面元素的概念和美学效果；

通过案例分析法、实地观察法学习面状光影的运用；

能够进行知识迁移，灵活运用平面构成要素的相关知识。

任务重难点

建筑面状光影设计的要点及实际运用。

一、面状光影的含义

面也是建筑光影视觉语言的一个基本要素，线状光影平移即构成面状光影。面的构成方式多样，可以由线密集地向着各个方向以一种平行、交叉且自由的方式构成，也可以是扩展一个点或一条线来构成。因此，建筑光影中的面有长度和宽度，而没有深度的特征。面状光影可以让人捕捉并识别到的第一特征是形状，它是由构成面的外轮廓线决定的。

二、面状光影的运用

面状光影具有面的特性。当光线大片且均匀地投射在空间中的围合界面上时，被投射的那一面称为"亮面"，投射在物体上所产生的阴影叫作"暗面"。亮面上材料的重量和体积感都会发生很大的变化；而暗面作为物体背光表面，通常在物体轮廓的眩光下呈现出深色剪影状态，细节被省略，物体形象被简化（图6-6、图6-7）。

> **教学互动**
>
> 面元素包含线元素和点元素，是我们平时最常见的形态要素。同学们要学会以全面的眼光、整体的观点看待问题，同时也要认识到整体是由局部构成的。

拱顶技术可以充分展现面状光影的特性，在建筑设计中常被采用。设计师往往通过创造多重空间序列，颠覆传统穹顶的象征含义。如浴场设计，利用建筑的球体形态，空间表面通过材料相互交织，创造出交错的拱顶空间，再在顶部开一个圆形的采光洞口，引入圆形的面状光，光线反射到浴场的墙壁上，水与变幻光线的组合为空间营造一种柔和的氛围。大面积的圆形采光口不仅可以减轻建筑的体量，还解决了建筑内部的采光问题。

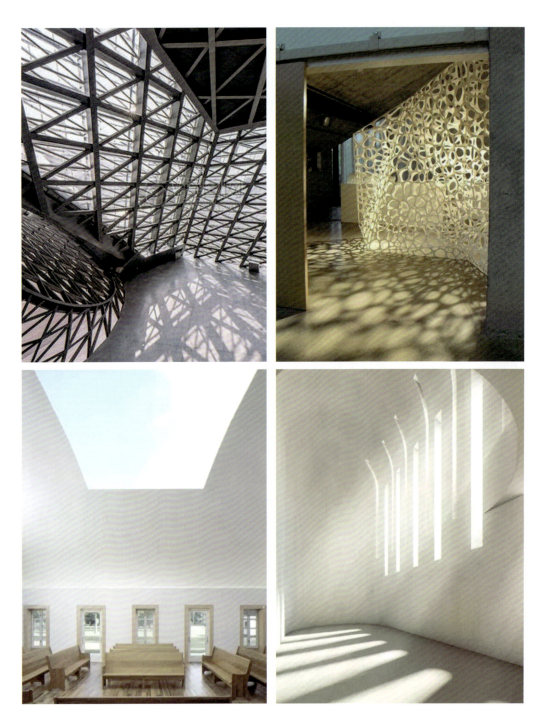

图 6-6 ◆ 建筑光影的面元素（1）

图 6-7 ◆ 建筑光影的面元素（2）

✏️ **任务实训**

搜集整理关于建筑面状光影设计的图文资料，并撰写调研报告，辅以设计案例分析。同时就"建筑光影点、线、面元素的内在联系"这一话题展开课堂讨论。

下 编

创意构成
项目拓展

凤凰展翅——北京大兴国际机场

📖 知识目标

了解北京大兴国际机场的概况，掌握平面构成、色彩构成、立体构成在项目中的应用。

♦ 能力目标

能够从设计构成的角度分析北京大兴国际机场的建筑美学。

♦ 素质目标

培养民族自信，树立投身建筑设计领域建设国家的志向。

北京大兴国际机场

一、项目概述

北京大兴国际机场定位为"大型国际枢纽机场"，是目前世界最大的综合交通枢纽，拥有全球首座高铁地下穿行的机场航站楼、全球首座双层出发双层到达的航站楼、世界最大单体航站楼，被媒体誉为"新世界七大奇迹之首"（图7-1）。作为航站楼最大的建筑组件，其屋顶采用钢网架结构，内外表面外包金属板，整体覆盖了航站楼内部空间。主楼屋顶是一个整体结构单元，由中部8根"C形柱"共同支撑。航站楼大跨度开敞空间减少了落地支撑，使旅客通行更通畅、视野更开阔、楼层布局更自由。航站楼室内以曲面、曲线造型和白色表面为装修主调，与屋面大吊顶和采光窗共同营造明亮、动感的空间效果。

机场的外建筑造型灵感来自"凤凰展翅"，从高处俯瞰，机场犹如一只凤凰，正在张开巨大的翅膀翱翔；加上庞大的占地面积、独特前卫的造型以及大胆的橘红色调，使得整个机场极富张力与震撼感（图7-2）。

> **📖 教学互动**
>
> 大兴机场建筑结构极其复杂，施工难度空前巨大，但中国仅用了4年时间便完全竣工。谈一谈为什么我们能够屡屡创造"中国速度""中国奇迹"。

图 7-1 ◆ 北京大兴国际机场

图 7-2 ◆ 大兴机场"凤凰展翅"的设计概念

二、平面构成在项目中的应用

（一）点线面元素的应用

机场的内外建筑结构、建筑表皮形态充分体现出点线面元素的有机组合（图7-3）。图7-4为大兴机场平面形态中的点元素；图7-5为大兴机场平面形态中的线元素；图7-6为大兴机场平面形态中的面元素。

（二）多种平面构成形式的应用

大兴机场运用了多种平面构成形式。在机场外部建筑结构形态中，主体结构进行了有秩序的重复构成，而特异构成是重复骨格变异的结果，基本元素则进行

图7-3 ◆ 大兴机场的平面形态

图 7-4 ◆ 大兴机场的点元素

图 7-5 ◆ 大兴机场的线元素

图 7-6 ◆ 大兴机场的面元素

了近似构成（图7-7）。有着许多相似之处与共同特点的基本形的有机组合与编排，使机场外观呈现出多样化的统一与高度的协调。

在机场内部建筑表皮形态中，重复构成的运用强化了节奏感与韵律感，而流线型的表皮设计加上简约的白色主色调，让整个空间感得以延伸，更加灵动，充满科技感（图7-8）。但在重复之中也有变化，由于屋顶采用流线曲面构造，屋顶使用的8000余块玻璃没有两块是完全一样的，整齐重复排列的铝单板也会根据屋顶曲面变化而形成不同角度（图7-9）。

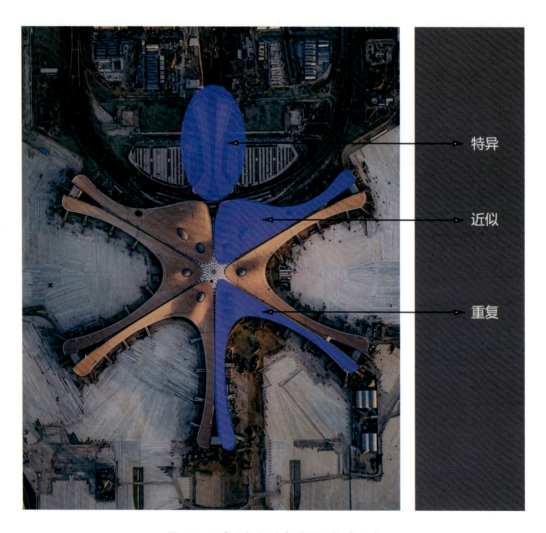

图7-7 ◆ 大兴机场的多种平面构成形式

图 7-8 ◆ 大兴机场的重复构成

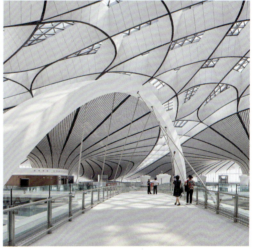

图 7-9 ◆ 大兴机场的近似构成

　　机场建筑外观设计根据主体结构特点采用了离心式发射的构成形式，表现出很强的延伸感、时间感和空间感（图 7-10）。机场内部以 C 形柱为中心也形成了视觉冲击力极强的发射构成（图 7-11）。

　　机场的外建筑表皮恰当地运用了肌理构成和对比构成，通过材料的特殊性营造出新的肌理感与韵律感；机场顶部的网格纹理天窗、椭圆形气泡窗、橙红色穹顶，三者形成形状、大小、颜色的有机对比，增强视觉冲击力（图 7-12）。

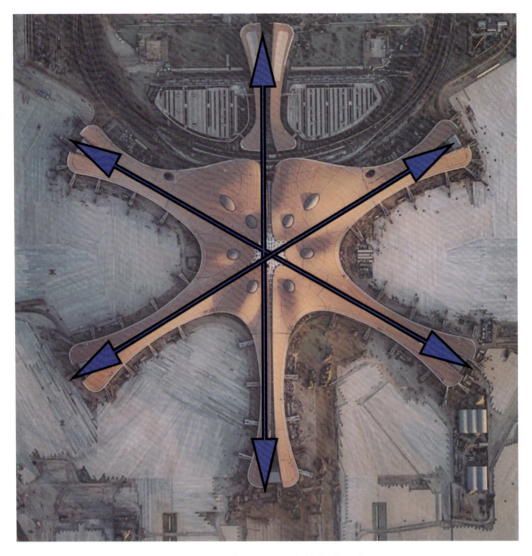

图 7-10 ◆ 大兴机场的发射构成形式

图 7-11 ◆ 大兴机场的发射构成

图 7-12 ◆ 大兴机场的肌理构成与对比构成

三、色彩构成在项目中的应用

大兴机场的色彩概念取自传统神兽凤凰，外表皮通体采用橙红色，与周边低饱和度的环境形成鲜明对比，呈现温暖的色调（图 7-13、图 7-14）。静态载体在自然光线环境变化的情况下，其色彩会随之呈现出不同的面貌。北京大兴国际机场色彩构成的亮点，即在于充分考虑到不同时段、不同光照的因素，使航站楼通过色彩给人以不同的心理感受。但无论是在清晨、黄昏还是夜晚，机场的色彩搭配都能够在对比与调和中形成统一（图 7-15、图 7-16）。机场室内色彩以大面积的白色为主，辅以黑色的线条排列，能够很好地衬托出机场作为商务空间的整洁感、秩序感（图 7-17）。

图 7-13 ◆ 大兴机场日间色彩概念设计

图 7-14 ◆ 大兴机场夜间色彩概念设计

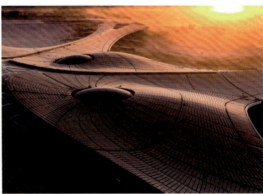

图 7-15 ◆ 清晨时大兴机场的色彩

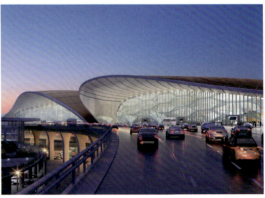

图 7-16 ◆ 傍晚时大兴机场的色彩

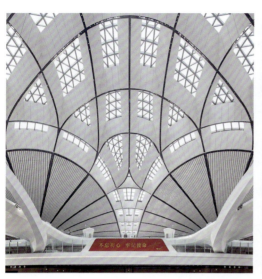

图 7-17 ◆ 大兴机场内部空间的色彩

四、立体构成在项目中的应用

机场的立体构成形式与建筑本身的结构设计紧密相关，蕴含着复杂的力学、结构学和建筑学原理，同时也反映了设计学科的形态美学原理（图 7-18）。机场航站楼的主体采用了先进的结构体系，核心区屋盖钢结构采用空间网架结构体系，球形节点和杆件组成的巨大屋顶被设计成一个自由曲面，从而构成世界上跨度最大的钢结构体系（图 7-19、图 7-20）。C 形柱的设计是航站楼建筑与结构立体构成的核心亮点，它们由室外屋面连续下卷落地生根而成，柱身截面形如字母"C"（图 7-21~ 图 7-23）。

图 7-18 ◆ 大兴机场立体造型概念设计

图 7-19 ◆ 大兴机场的空间立体构成

图 7-20 ◆ 大兴机场的局部立体构成

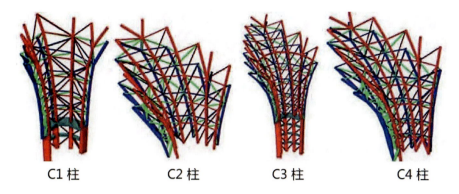

图 7-21 ◆ 大兴机场 C 形柱的四种类型

图 7-22 ◆ 大兴机场 C 形柱的力学模型

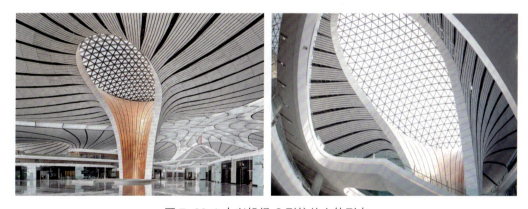

图 7-23 ◆ 大兴机场 C 形柱的立体形态

✐ 任务实训

1. 大兴机场的设计运用了哪些平面构成形式？

2. 大兴机场的色彩构成与立体构成分别有什么特点？

梦境之神——澳门摩珀斯酒店

📖 知识目标

了解澳门摩珀斯酒店的概况，掌握平面构成、色彩构成、立体构成在项目中的应用。

◆ 能力目标

能够从设计构成的角度分析澳门摩珀斯酒店的建筑美学。

◆ 素质目标

培养民族自信，树立投身建筑设计领域建设国家的志向。

澳门摩珀斯酒店

一、项目概述

作为中国澳门城市新地标，由建筑师扎哈·哈迪德设计的摩珀斯（Morpheus）酒店是全球首座采用自由形态的钢制网状外骨格结构的摩天大楼（图 8-1）。酒店网格状的自由几何骨格形态，让建筑内部不需要设立多余的承重墙或支柱，中庭及大堂位置无任何钢筋混凝土椿，给人以非常强烈的视觉冲击感和空间感。酒店中心的三个镂空设计，打造视觉的"负空间"，为建筑的焦点所在（图 8-2）。从高耸的中庭到整座建筑物的明亮装置，每个细节都巧妙运用光线的反射及折射，营造出梦幻奢华的视觉体验，从形态构成的角度来看，摩珀斯酒店充分体现出构成的节奏、韵律、变化、统一等美感。

📖 教学互动

近年来，随着经济的高速发展，中国的城市面貌日新月异，已成为国际知名建筑师最为青睐的项目执行地。你还知道哪些位于中国港澳地区的知名建筑？

图 8-1 ◆ 澳门摩珀斯酒店

图 8-2 ◆ 摩珀斯酒店立面镂空设计

二、平面构成在项目中的应用

（一）点线面元素的应用

摩珀斯酒店中点线面元素是相互交织、密不可分的，面中有线、线中有点，丰富而有变化（图8-3）。摩珀斯酒店特殊钢材的性能使其自由形态外骨格结构得以实现，钢结构的纵向与横向的交汇形成的交叉点，是一个个小的点元素单元，而交叉之后的三角区域与菱形区域则形成第二种大的点元素单元，两者组合具有节奏性的重复与密集构成。而酒店内部建筑表皮看似随意自由的点形态也由严谨、规律的重复骨格构成（图8-4）。

摩珀斯酒店建筑表皮的特殊钢结构框架，实际是一种线元素构成，以纵向、横向与斜向等多角度有序排列与重复，其有机流线形使整个建筑表皮具有韵律美感和节奏美感。不管是外立面还是室内的建筑表皮，在线元素的构成中都形成了强烈的视觉冲击（图8-5）。

任何点的扩大、聚焦或者线的宽度增加、围合都会形成面。酒店建筑表皮每一个点与线都不是独立存在的，而是点与点、线与线，或者点与线元素经过有序的连续、交替、重复，从而构成一个个区域性、规律性、带有美感的有机面（图8-6）。

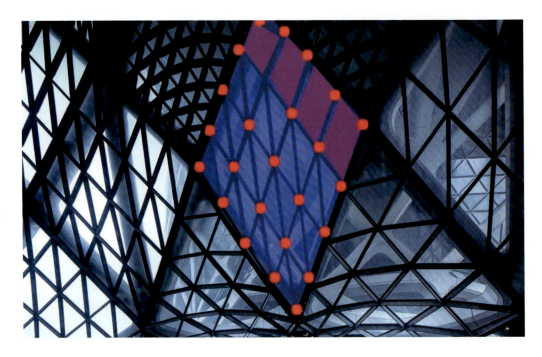

图 8-3 ◆ 摩珀斯酒店的点线面元素

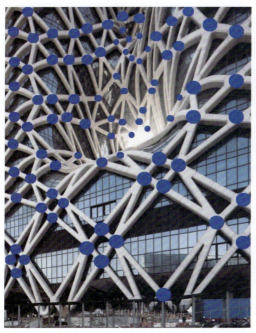

图 8-4 ◆ 摩珀斯酒店的点元素

图 8-5 ◆ 摩珀斯酒店的线元素

图 8-6 ◆ 摩珀斯酒店的面元素

（二）多种平面构成形式的应用

摩珀斯酒店的自由形态外骨格结构，其实是一种严谨、规律的重复构成与近似构成，形成强烈的节奏感、秩序感和韵律感，并且使得酒店的建筑表皮具有极强的协调性与整体性。重复和近似构成属于规律性组合，容易产生节奏感、注目感和远近感，造成不同的视觉冲击（图 8-7）；而对比和密集构成则是非规律性组合，比较容易给人带来视觉张力、运动感和韵律感（图 8-8、图 8-9）。摩珀斯酒店的建筑表皮构成中，充分运用了型材的规律性重复与近似，以及非规律性的对比与密集等构成形式，将平面构成原理在建筑设计中体现得淋漓尽致。

图 8-7 ◆ 摩珀斯酒店的重复构成与近似构成

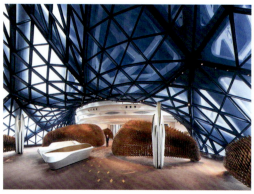

图 8-8 ◆ 摩珀斯酒店的对比构成

图 8-9 ◆ 摩珀斯酒店的密集构成

三、色彩构成在项目中的应用

摩珀斯酒店定位为高端酒店，其空间追求是高贵、典雅、宏大。因此，酒店的建筑内外部的色彩构成都极其讲究，没有采用过多花哨的色彩搭配，而是采用雅致的灰白调的经典对比（图 8-10）。其色块的大小对比、比例分割都按照科学要求严格计算。素雅的灰、白色钢结构与玻璃固有色搭配得相得益彰，在太阳强光之下不会形成光污染，而建筑内部的灯光一旦开启，其温暖的光线效果就会与建筑型材本身特有的冷色形成冷暖调和（图 8-11）。酒店中一些家具的照明设计也灵活运用了色彩构成的原理，通过灯光色温控制，对家具色彩进行协调控制，视觉效果自然通透，整体空间显得温馨而精致（图 8-12）。

图 8-10 ◆ 摩珀斯酒店日间和夜间的色彩

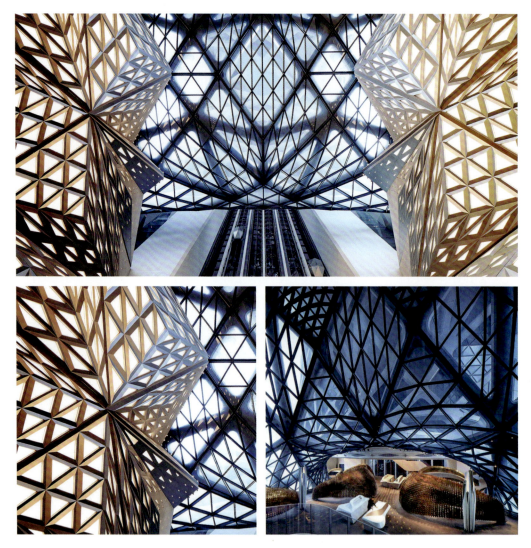

图 8-11 ◆ 摩珀斯酒店的色彩对比

图 8-12 ◆ 摩珀斯酒店客房色彩

四、立体构成在项目中的应用

从立体构成角度分析，摩珀斯酒店从外观上看其实是一个庞大的、复杂的立体艺术雕塑品。酒店以阿拉伯数字"8"为设计概念，在中央的镂空部分突显结构的复杂性，酒店两栋大楼之间由桥道和顶层相连，极具立体结构形态的魅力与艺术美感（图8-13）。

图 8-13 ◆ 摩珀斯酒店的立体造型

酒店空间中点线面的构成、冷暖色的对比、软硬材料的搭配以及室内人工灯光与室外自然光照的有机组合，形成带有强烈的光影效果的立体构成形态。酒店两栋大楼之间的桥道连廊与电梯两侧则延续了线条交错编织网格形态风格，从酒店底部抬头向上看或是从高层看向下方，空间的立体构成形态传递出迷人的科幻感与未来感（图8-14）。酒店的角落处安置了酒店吉祥物的雕塑，其本身就是一个独立的立体构成形态。在吉祥物的背后和顶面则是由无数条经过艺术处理的钢材交织形成的一块块三角块状网格形态，而线的交错必定会产生"点"（图8-15）。玻璃钢制品的家具设计，也是立体构成形态的点睛之笔，在满足功能需求之时，让局部空间立体形态更加饱满（图8-16）。

图 8-14 ◆ 摩珀斯酒店的空间立体构成

图 8-15 ◆ 摩珀斯酒店的雕塑立体构成　　图 8-16 ◆ 摩珀斯酒店的装置立体构成

✍ **任务实训**

1. 从摩珀斯酒店运用的点、线、面元素中选取一个分析其设计手法。

2. 摩珀斯酒店设计中立体构成的运用与其平面构成、色彩构成分别有什么联系？

[1] 喻小飞 . 设计构成 [M]. 第二版 . 北京：人民邮电出版社，2019.

[2] 徐碧珺，王伟 . 色彩·构成·设计 [M]. 修订本 . 北京：化学工业出版社，2019.

[3] 周慧 . 色彩构成基础与应用 [M]. 第二版 . 北京：化学工业出版社，2023.

[4] 于国瑞 . 平面构成 [M]. 第三版 . 北京：清华大学出版社，2019.

[5] 胡璟辉 . 三维形态构成基础 [M]. 上海：东华大学出版社，2014.

[6] 李保峰，李钢 . 建筑表皮 [M]. 北京：中国建筑工业出版社，2009.

[7]《设计家》. 建筑立面设计图鉴 [M]. 桂林：广西师范大学出版社，2014.

[8] 黄春波 . 浅谈广西少数民族传统建筑装饰 [J]. 美术大观，2007（09）：32-33.

附录

APPENDIX

实践训练考核方案

考试时长：180 分钟   课程总分：100 分

一、考核形式

随堂练习和实训。

二、考核时间安排

由任课教师根据教学进度安排自主确定考核时间。

三、考核内容

以"各单元作品＋结课作品"为考核内容。

（一）知识点考核

1. 知晓创意构成的基本概念与作用，了解常用专业词汇。

2. 了解构成作品的艺术特征、艺术流派及其基本特点。

3. 掌握基本构成要素在构成艺术中的审美及适用规律。

4. 掌握创意构成的设计创作方法，完成设计作品。

（二）职业技能考核

1. 具备创意构成理论的认知能力。

2. 掌握正确的观察方法与创作步骤。

3. 能够正确并较熟练地使用相关工具与材料。

4. 能打破固有的思维方式，逐步实现自己的构想，从而完成设计。

5. 具备一定的自主学习能力和主动创造思维。

（三）通用能力考核

1. 具有独立分析问题、解决问题、与他人合作的能力。

2. 具有良好的职业品德素养，诚实守信，做事认真，乐于与人合作。

3. 具有一定的人文素质，具有耐心、细致、勤奋等职业品格。

四、考核要求

通过视觉语言和造型手法对形态进行一种创造性的表现。不仅要对形态造型的审美作出判断与选择，还要对材料以及相关的技术与工艺等方面的知识作进一步的探索与研究。要求学生在强调形态创造性的同时，融入时代气息与精神内涵，把文化因素纳入作品中。

五、所用设备或场地

绘画室或多媒体教室。

六、评分标准

课程采取过程性评价与终结性评价相结合的评价方式，以百分制为标准，平时作业和表现占 70%，结课作业和表现占 30%，具体分值见下表。

（一）平时成绩（占70%）

作业（作品）35%				学习能力 20%			职业表现 10%		考勤 5%	合计
艺术审美 5%	创新创意 10%	技法使用 5%	作品整体效果 15%	参与互动 5%	自主学习 10%	自我管理 5%	语言表达 5%	小组协作（学生讲课）5%		

（二）结课考核（占30%）

表现技巧及整体效果 20%		创新创意 10%		合计
表现技巧（技法）5%	整体效果 15%	构成形式 5%	创意 5%	

后记
POSTSCRIPT

党的二十大报告指出："统筹职业教育、高等教育、继续教育协同创新，推进职普融通、产教融合、科教融汇，优化职业教育类型定位。"本书旨在及时、全面、准确落实党的二十大精神，充分发挥教材的铸魂育人功能，培养适应经济和社会发展需要的高素质技术技能人才。本书聚焦艺术设计领域新技术、新材料、新工艺的教学，将实际案例分析与理论概念阐述深度融合，服务于科教兴国、人才强国、创新驱动发展战略。

本书是设计类专业师生必修的专业基础课程——"设计构成"或"三大构成"的配套教材。在设计理念多元化的新时代背景下，其教师教学质量的提升以及学生学习效果的巩固，对于设计行业未来人才的培养至关重要。编者认为，只有掌握设计构成的原理与内涵，提炼构成元素的特征与形式，才能学会运用正确的方法论，真正回归设计的本真。

本书从建筑室内设计专业角度，介绍了形态构成的原理及其创新趋势和典型案例，既有理论的前沿性，又有实践的指导性。同时，本教材形式新颖，采用模块化编写形式，配有丰富的数字资源，体现了新形态一体化教材的最新趋势。

本书分为上、中、下编。上编着重阐述创意构成基本原理与方法，系统论述了构成设计的历史背景和发展由来，由浅入深地介绍了平面构成、色彩构成、立体构成的基础知识。中编主要介绍创意构成的创新趋势，根据国家高等教育"三教改革"中关于教材实用性、专业性的编写要求，结合环艺建筑设计的相关案例，介绍了"建筑表皮""建筑光影"等设计行业前沿知识，培养学生的创意思维。下编为创意构成的项目拓展，运用构成理论综合剖析知名设计案例，意在开拓学生眼界，使学生能够触类旁通、举一反三。

在本书编写过程中，编者参考了大量相关文献和资料，在此向其作者表示衷心的感谢。由于编者水平有限，本书难免存在不足与纰漏，敬请广大读者、专家批评指正。

编　者
2023 年 3 月